全国技工院校"十二五"系列规划教材·高级工
中国机械工业教育协会推荐教材

电机与变压器
（项目式·含习题册）

主　编　朱志良　袁德生
副主编　展同军　惠爱凤
参　编　张铁栋　张红肖　王喜泉
　　　　周　磊　初　俐　张义宝
主　审　高玉泉

机械工业出版社

本书是按照项目化教学组织方式进行编写的，主要内容包括：直流电机、变压器、交流电机、特种电机四个项目。每个项目分为若干个任务，通过做一做、想一想、看一看等形式，锻炼和培养学生的动手能力，提高其职业技能；另外通过小贴士提示学生应注意哪些问题，为学生自主研究性学习搭建了理想的平台。

　　本书图文并茂，通俗易懂。每个项目都有项目能力训练，在内容编排上遵循理论学习的认知规律和操作技能的形成规律，使学生在项目引领下更好地将理论与实践有机地融合为一体，有利于学生良好的职业情感和职业能力的培养。

　　本书可作为技师学院、高级技校、职业院校电类及其相关专业的教材，也可作为成人高校、广播电视大学、本科院校举办的二级职业技术学院和民办高校的电类专业教材，还可作为成人高校或高级技能人才的短期培训用书。

图书在版编目（CIP）数据

电机与变压器：项目式：含习题册/朱志良，袁德生主编．—北京：机械工业出版社，2012.8（2025.8 重印）

全国技工院校"十二五"系列规划教材．高级工

ISBN 978 - 7 - 111 - 38815 - 9

Ⅰ．①电… Ⅱ．①朱…②袁… Ⅲ．①电机 - 技工学校 - 教材②变压器 - 技工学校 - 教材 Ⅳ．① TM

中国版本图书馆 CIP 数据核字（2012）第 162881 号

机械工业出版社（北京市百万庄大街22 号　邮政编码100037）

策划编辑：陈玉芝　责任编辑：林运鑫

版式设计：霍永明　责任校对：吴美英

封面设计：张　静　责任印制：任维东

北京华宇信诺印刷有限公司印刷

2025 年 8 月第 1 版·第 12 次印刷

184mm × 260mm · 13.25 印张 · 318 千字

标准书号：ISBN 978 - 7 - 111 - 38815 - 9

定价：36.00 元

序

　　"十二五"期间，加速转变生产方式、调整产业结构将是我国国民经济和社会发展的重中之重。而要完成这种转变和调整，就必须有一大批高素质的技能型人才作为后盾。根据《国家中长期人才发展规划纲要（2010—2020年）》的要求，至2020年，我国高技能人才占技能劳动者的比例将由2008年的24.4%上升到28%（目前一些经济发达国家的这个比例已达到40%）。可以预见，作为高技能人才培养重要组成部分的高级技工教育，在未来的10年必将会迎来一个高速发展的黄金期。近几年来，各职业院校都在积极开展高级工培养的试点工作，并取得了较好的效果。但由于起步较晚，课程体系、教学模式都还有待完善与提高，教材建设也相对滞后，至今还没有一套适合高级技工教育快速发展需要的成体系、高质量的教材。即使一些专业（工种）有高级工教材也不是很完善，或是内容陈旧、实用性不强，或是形式单一、无法突出高技能人才培养的特色，更没有形成合理的体系。因此，开发一套体系完整、特色鲜明、适合理论实践一体化教学、反映企业最新技术与工艺的高级工教材，就成为高级技工教育亟待解决的课题。

　　鉴于高级技工教材短缺的现状，机械工业出版社与中国机械工业教育协会从2010年10月开始，组织相关人员，采用走访、问卷调查、座谈等方式，对全国有代表性的机电行业企业、部分省市的职业院校进行了历时6个月的深入调研。对目前企业对高级工的知识、技能要求，各学校高级工教育教学现状、教学和课程改革情况以及对教材的需求等有了比较清晰的认识。在此基础上，他们紧紧依托行业优势，以为企业输送满足其岗位需求的合格人才为最终目标，组织了行业和技能教育方面的专家精心规划了教材书目，对编写内容、编写模式等进行了深入探讨，形成了本系列教材的基本编写框架。为保证教材的编写质量、编写队伍的专业性和权威性，2011年5月，他们面向全国技工院校公开征稿，共收到来自全国22个省（直辖市）的110多所学校的600多份申报材料。在组织专家对作者及教材编写大纲进行了严格的评审后，决定首批启动编写机械加工制造类专业、电工电子类专业、汽车检测与维修专业、计算机技术相关专业教材以及部分公共基础课教材等，共计80余种。

　　本系列教材的编写指导思想明确，坚持以达到国家职业技能鉴定标准和就业能力为目标，以各专业的工作内容为主线，以工作任务为引领，由浅入深，循序渐进，精简理论，突出核心技能与实操能力，使理论与实践融为一体，充分体现"教、学、做合一"的教学思想，致力于构建符合当前教学改革方向的，以培养应用型、技术型、创新型人才为目标的教材体系。

　　本系列教材重点突出了如下三个特色：一是"新"字当头，即体系新、模式新、内容新。体系新是把教材以学科体系为主转变为以专业技术体系为主；模式新是把教材传统章节模式转变为以工作过程的项目为主；内容新是教材充分反映了新材料、新工艺、新技术、新方法。二是注重科学性。教材从体系、模式到内容符合教学规律，符合国内外制造技术水平实际情况。在具体任务和实例的选取上，突出先进性、实用性和典型性，便于组织教学，以提高学生的学习效率。三是体现普适性。由于当前高级工生源既有中职毕业生，又有高中生，各自学制也不同，还要考虑到在职人群，教材内容安排上尽量照顾到了不同的求学者，适用面比较广泛。

此外，本系列教材还配备了电子教学课件，以及相应的习题集，实验、实习教程，现场操作视频等，初步实现教材的立体化。

我相信，本系列教材的出版，对深化职业技术教育改革、提高高级工培养的质量都会起到积极的作用。在此，我谨向各位作者和所在单位及为这套教材出力的学者表示衷心的感谢。

原机械工业部教育司副司长
中国机械工业教育协会高级顾问

郭广发

前　言

本书是为满足国家"十二五"发展规划中对技能型人才培养的需求而编写的，适合技师学院、高级技校、职业院校电类或相关专业学生学习使用。教材在编写中力求做到形式新颖、内容丰富、知识精炼、学练同步、层次分明。

本书编写过程中充分贯彻了以课程设置为核心的职业教育教学改革指导思想，用项目化课程模式，紧紧地把理论知识学习和动手能力培养密切地融合为一体，实现了以能力为本位，以职业实践为主线，以项目课程为主题的模块化专业课程设计和教学改革要求；紧紧围绕完成工作任务的需要来选择和组织课程内容教学，突出工作任务与知识的必然联系，克服了知识衔接不畅，层次不明，抽象空洞的弊端，充分调动学生的学习兴趣和参与热情，着重培养学生的分析问题能力、实践动手能力、综合应用能力与创新能力。本书编写过程中尽可能多地充实新知识、新技术、新工艺、新方法，力求增强知识、技术的领先性和实用性，使学生在学习中掌握一些新知识与新技能。

本书在编写过程中重视项目的选取和典型任务的确定，既充分考虑专业基础知识的特点，又考虑技能的通用性、针对性和实用性。在考虑中职和高职学生认知规律的同时，紧密结合职业资格鉴定考核的相关要求，把工作任务具体化，产生具体的学习项目，增强了学习的实用性、针对性和科学性。

本书在编写过程中突出了项目教学、任务引领、学做并举的课程思想和体例的新颖，与传统的编写模式相比，特色更加鲜明。每个项目的开端都有一个明确的项目描述，突出交代项目的目的性。每个项目分若干任务与项目能力训练来完成，每个任务有根据各自的特点分为做一做、想一想、知识链接、知识拓展、知识测评等若干个模块，让学生在做中学，学中做，培养和激发学生的学习兴趣。在注重知识层次性的学习中，通过小贴士的方式灵活提示学生学习相关知识和技能时需要联想什么、注意什么，为学生自主研究性学习搭建了理想的平台。

本书由朱志良、袁德生任主编，展同军、惠爱凤任副主编。其中张红肖、袁德生、展同军编写项目1，张义宝、王喜泉、惠爱凤编写项目2，张铁栋、周磊编写项目3，朱志良、初俐编写项目4。朱志良统稿，高玉泉主审。

由于编者水平有限，书中难免存在不足及错误之处，恳请广大读者和同仁批评与指正。

编　者

目　录

项目1 直流电机

1

项目描述

　　直流电动机具有较宽的调速范围、平滑无级调速特性，以及起动、制动和过载转矩大、易于控制等特点，是交流电动机所不能替代的，所以它仍然在自动控制系统中起着非常重要的作用。本项目主要阐述直流电机的基础知识、运行特性和相关技能。

> **知识目标**
> 1. 学习直流电动机的基本工作原理、结构、电枢反应、基本参数及特性分析。
> 2. 学习直流电动机的运行。
> 3. 了解直流发电机的工作原理、基本参数。
>
> **能力目标**
> 1. 直流电动机的铭牌识别。
> 2. 直流电动机的拆装。
> 3. 减小直流电动机电枢反应的方法。
> 4. 验证直流电动机的起动、调速与制动。

任务1 认识直流电动机

知识导入

看一看

> 　　图 1-1 所示为直流电动机结构剖面图，请同学们观察其组成部分。
> 　　通过本任务的学习，了解直流电动机的组成及各部分的作用；掌握直流电动机是如何实现将电能转换成机械能的；分析为什么电枢反应是导致直流电动机带负载能力下降的主要原因之一。

图 1-1　直流电动机结构剖面图

NEW 相关知识

一、直流电动机结构及各部分作用

直流电动机主要由静止的定子、可以转动的转子及定转子之间的气隙等组成，其外形如图 1-2 所示，结构如图 1-3 所示。

图 1-2　直流电动机外形

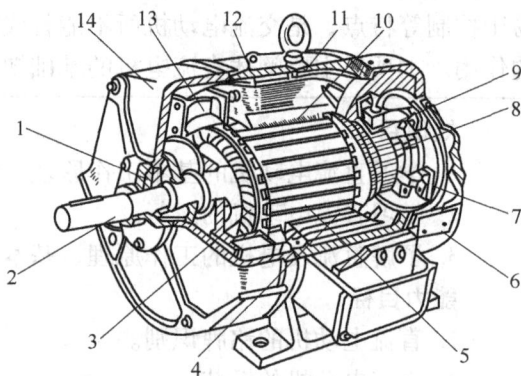

图 1-3　直流电动机结构

1—轴承　2—轴　3—电枢绕组　4—换向极绕组
5—电枢铁心　6—后端盖　7—刷杆座　8—换向器
9—电刷　10—主磁极　11—机座　12—励磁
绕组　13—风扇　14—前端盖

1. 定子部分

它主要包括机座、主磁极、换向极、端盖和电刷装置等。直流电动机定子主要作用是产生主磁场和支撑电动机。

（1）机座　机座一般用导磁性能较好的铸钢件或钢板焊接而成，也可直接用无缝钢管加工而成。机座有两方面的作用：一方面用来固定主磁极、换向极和端盖等，另一方面作为电机磁路的一部分称为磁轭。

（2）主磁极　它由主磁极铁心和主磁极励磁绕组组成，主磁极总是成对出现的，并按 N 极和 S 极交替排列，如图 1-4 所示。主磁极铁心为电动机磁路的一部分，一般采用 1～1.5mm 厚的低碳钢板冲制后叠装制成，用铆钉铆紧成为一个整体，目的是为了减少涡流损耗。主磁极的作用是用来产生电动机工作的主磁场。

目前，直流电动机的直流电源常采用晶闸管整流电源，晶闸管整流电源一般是通过单相或二相交流电整流获得，它输出的电压、电流并不是纯直流，还含有一定的交流谐波。为了减少交流谐波在主磁极和机座中造成的涡流损耗，常用表面有绝缘层 0.5mm 厚的硅钢片制作主磁极和定子磁轭。

（3）换向极 它安装在两个主磁极之间，又称为附加磁极，由换向极铁心和换向极绕组组成。换向极铁心常用整块钢或钢板制成。功率较大的电动机，为了能更好地改善电动机的换向，换向极铁心也采用硅钢片叠片结构（防止直流电中含有的交流谐波在铁心中产生磁滞和涡流损耗）。换向极绕组和主磁极绕组一起制作，套装在换向极铁心上，最后固定在机座上。换向极绕组应当与电枢绕组串联，而且极性不能接反，它的匝数少、导线粗。小型直流电动机换向不困难，一般不用换向极。

图 1-4 主磁极的结构
1—主磁极 2—励磁绕组 3—机座

换向极的作用是产生换向磁场，用以改善电动机的换向性能，减小电枢反应。

（4）端盖 机座两侧各有一个端盖。端盖的中心装有轴承，中小型电动机一般用滚动轴承，大型电动机用滑动轴承，且通常由座或轴承座直接支撑在底板上。

（5）电刷装置 电刷装置由电刷、刷握、刷杆、刷杆座和压力弹簧等组成。电刷一般是用石墨粉压制而成的导电块。电刷放置在刷盒内，用压力弹簧将它压紧在换向器上，刷握用螺钉夹紧在刷杆上，通过铜绞线把电流从电刷引到刷杆上，再将导线接到接线盒中的端子上。弹簧压力可以调节，以保证电刷与换向器表面良好的接触。电刷与刷握的配合应良好，防止过紧与太松。一般电刷组数目等于主极数，各电刷组经刷杆支臂装在一个可以调整位置的座圈上。转动座圈时，即可调整电刷杆在换向器表面上的相对位置。

电刷装置的作用是使电枢绕组与外电路相接，作为电流的通路；还可以与换向器配合，起整流作用。

2. 电枢（转子）部分

电枢主要由电枢铁心、电枢绕组、换向器、风扇和转轴等组成，如图 1-5a 所示。电枢的作用是产生感应电动势、电流、电磁转矩，是直流电动机实现能量转换的枢纽。

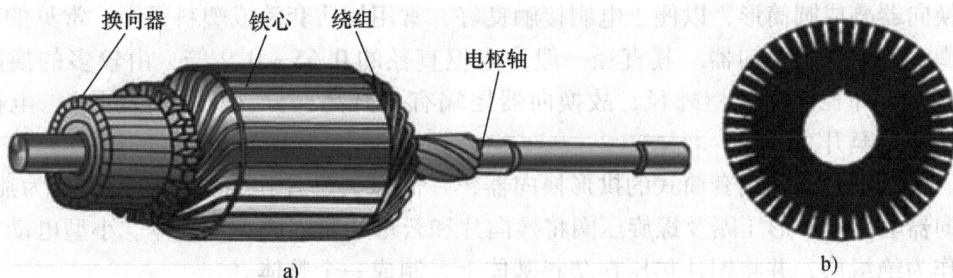

换向器　铁心　绕组

电枢轴

a)

b)

图 1-5 直流电动机电枢结构
a）电枢整体结构　b）铁心冲片

（1）电枢铁心 电枢铁心是直流电动机主磁路的一部分，在铁心槽中嵌放电枢绕组。铁心通常用 0.35～0.5mm 厚涂绝缘漆的圆形低硅硅钢片或冷轧硅钢片叠压而成，以减小损耗（当转子在主磁场旋转时，铁心中磁通方向是不断变化的，铁心将产生涡流及磁滞损耗）。

图1-5b所示的是铁心冲片，铁心外圆周上均匀地分布着槽，用以嵌放电枢绕组。轴向有轴孔和通风孔，以形成轴向风路。对较大功率的电动机，为加强冷却，常把电枢沿轴向分成若干段，各段间留出10mm左右的间隙，称为径向通风沟。这些电动机运转时可形成径向风路，以降低绕组及铁心的温升。

电枢铁心的作用是通过磁通和电枢绕组来实现的。

（2）电枢绕组　电枢绕组是直流电动机电路的主要组成部分，是电动机中重要的部件，如图1-6所示。它由许多结构形状相同的绕组元件按一定的规律连接到相应的换向片上。

绕组元件是由一匝或多匝导线绕制成的、两端分别与两片换向片相连的线圈，是构成电枢绕组的基本单元。绕组导线截面积决定了其通过电流的大小，小型电动机常用带绝缘漆的圆导线，较大功率的电动机，一般用矩形截面的导线。

它的作用是产生感应电动势和通过电流产生电磁转矩，实现电能与机械能的转换。

（3）换向器　换向器是直流电动机中最重要部件之一，它由许多上宽下窄的冷拉梯形铜排叠成圆筒形，片间用0.6～0.16mm厚的云母作为绝缘层，如图1-7所示。

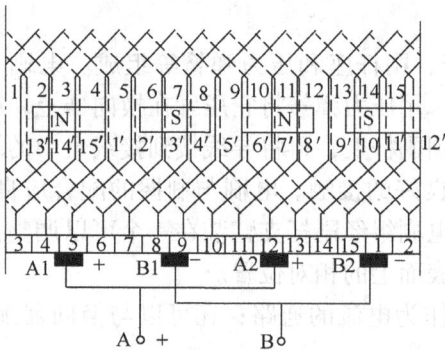

图1-6　电枢绕组示意图

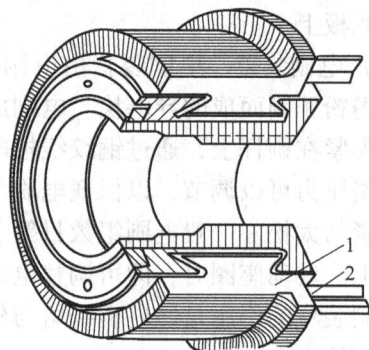

图1-7　换向器结构图
1—换向片　2—连接部分

将换向器叠成圆筒形，以便于电刷接触良好，常用钢质套筒或塑料紧固。常见的有拱形塑料紧圈式和绑环式换向器。其直径一般为电枢直径的0.65～0.9倍，由较多的换向片组成，因换向器外径小于电枢外径，故换向器尾端有一升高部分（称为升高片），电枢绕组首、尾端即接至升高片上。

大、中型电动机常用套筒式的拱形换向器，片间以云母片作为绝缘层，下部为燕尾形，利用换向器套筒、V形压圈及螺旋压圈将换向片和云母片紧固成一个整体。小型电动机多用云母板作为绝缘层，并将铜片热压在塑料基体上，制成一个整体。

换向器的作用是将电枢中的交流电动势和电流，转换成电刷间的直流电动势和电流，从而保证所有导体上产生的转矩方向一致。

（4）风扇　风扇为自冷式电动机中冷却气流的主要来源，它的作用是用来降低运行中电动机的温升。

（5）转轴　转轴是电枢主要支撑件，一般用合金钢锻压加工而成，目的就是保证电动机能可靠地运行，它的作用是用来传递转矩。

换向器的作用：对电动机来讲是将电刷上所通过的直流电流转换为电枢绕组内的交变电流，从而保证所有导体上产生的转矩方向一致；对发电机来讲是将电枢绕组内的交变电动势转换为电刷端上的直流电动势。

（6）支架　支架是大中型电动机电枢或转子组件的支撑件，有利于通风和减轻质量。

二、直流电动机的工作原理

直流电动机是通电导体在磁场当中受力而运动的。图 1-8 所示为直流电动机的结构模型。

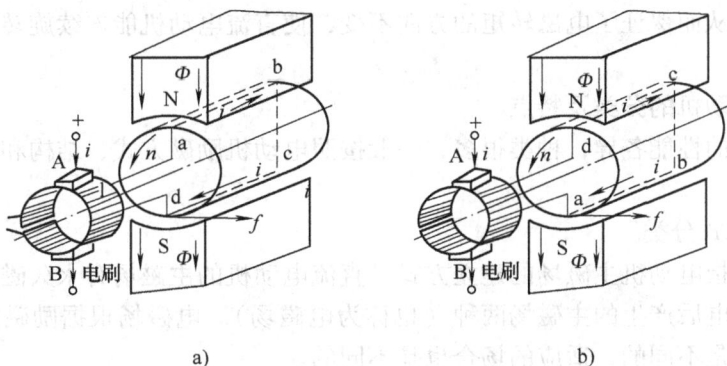

图 1-8　直流电动机的结构模型
a）A 接换向片 1　b）A 接换向片 2

图 1-8 中，N 极和 S 极是固定不变的主磁极，线圈 abcd 是一个安装在可以转动的圆柱体上的线圈，把线圈的两端分别接到两个半圆换向片（合称为换向器）上。圆柱体、线圈和两个换向片可以一齐转动，这个可以转动的转子称转子电枢（简称为电枢）。换向片上放着两个固定不动的电刷 A 和 B。通过电刷 A、B 把外部静止的电源正、负极与旋转着的电路相连接。

图 1-8a 所示瞬间，直流电流从电源的正极通过电刷 A，换向片 1、线圈边 ab 和 cd，最后经换向片 2 及电刷 B 回到电源的负极。

载流导体 ab 和 cd 在磁场中要受到电磁力（单位为 N）的作用，其大小为

$$\boldsymbol{F} = \boldsymbol{B}I_a l \tag{1-1}$$

式中　I_a——线圈的电流（A）；

　　　$\boldsymbol{B}$——磁场的磁感应强度（Wb/m^2）；

　　　l——导体的有效长度（m）。

电磁力 $\boldsymbol{F}$ 的方向可应用左手定则来确定。导体中 ab 中的电流方向为由 a 到 b；导体 cd 中的电流方向为由 c 到 d，其受力方向均为逆时针方向。这样就产生了一个转矩，称为电磁转矩。在电磁转矩的作用下，电动机电枢克服由摩擦引起的阻碍转矩以及其他负载转矩就能按逆时针方向旋转。

　左手定则：把左手放入磁场中，让磁感线垂直穿入手心，手心面向 N 极，四指指向电流所指方向，则大拇指的方向就是导体受力的方向。

由于换向器的作用，电枢转动以后，导体 ab 和 cd 在磁场中交换位置，如图 1-8b 所示，使与它们相连的电刷也同时改变，这样进入 N 极的导体电流方向总是流入的，进入 S 极的导体电流方向总是流出的（即流入或流出同一磁极下导体的电流方向不变），电动机电枢将沿着逆时针方向一直转动下去。

【工作原理简述】：直流电动机在外加电压的作用下，在导体中形成电流，载流导体在磁场中将受电磁力的作用，由于换向器的换向作用，导体进入异性磁极时，导体中的电流方向也相应改变，从而保证了电磁转矩的方向不变，使直流电动机能连续旋转，把直流电能转换成机械能输出。

三、直流电动机的分类及特点

直流电动机的性能各异，种类很多，一般按照电动机励磁方式、结构和工作原理、用途等进行分类。

1. 按励磁方式分类

励磁方式是指电动机主磁场的建立方式。直流电动机的主磁场有永久磁铁式主磁场和励磁绕组通入直流电后产生的主磁场两种（也称为电磁场）。电磁场根据励磁方式不同，电动机的输出特性也是不同的，适应的场合也是不同的。

按主磁极励磁绕组与电枢绕组的不同接线方式，直流电动机可以分为自励式和他励式。自励式包括并励、串励、复励等，复励又可分为积复励和差复励，见表 1-1。

表 1-1　直流电动机按励磁方式分类

名称		电动机绕组接线图	特　点
他励直流电动机		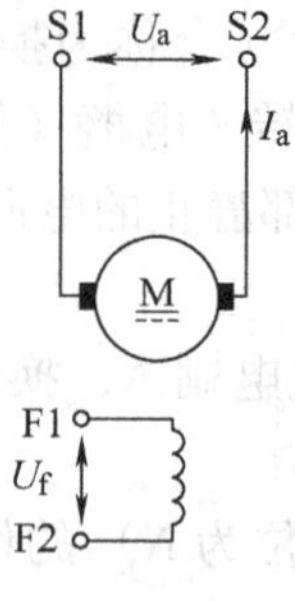 S1 U_a S2 　I_a 　M 　F1 U_f F2	励磁绕组与电枢绕组无连接关系，二者的电源是相对独立的
自励直流电动机	并励	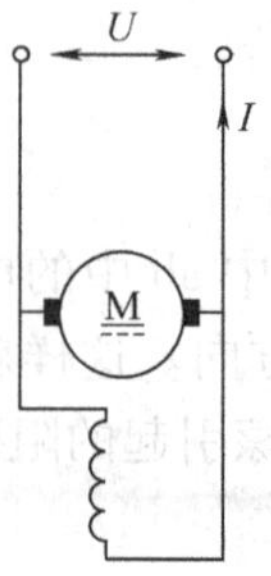 U 　I 　M	1. 励磁绕组和电枢绕组共用一个电源，二者是并联关系。它们之间满足并联电路的特点，即加在两个绕组两端的电压相同，其总电流等于两个绕组支路电流之和 2. 励磁绕组匝数多，导线截面直径小，根据 $R = \rho l/S$ 可以得出其励磁绕组的阻值很大，根据欧姆定律可知，励磁绕组的电流很小，只占电枢电流的一部分

（续）

名称		电动机绕组接线图	特 点
自励直流电动机	串励	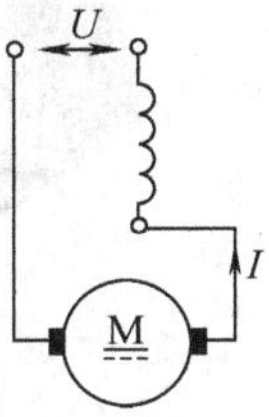 U I M	1. 磁绕组和电枢绕组串联后，接到同一电源上，根据串联电路的特性，励磁电流就是电枢电流 2. 励磁绕组匝数少，导线的截面直径大，根据电阻定律可知，其电阻值小，则其两端分得的电压小
	积复励	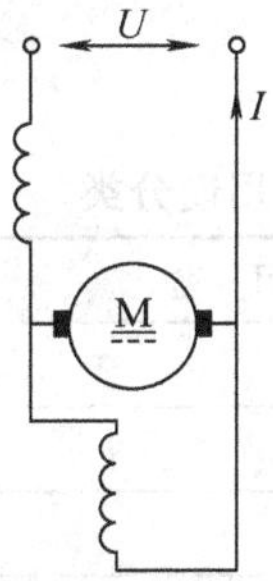 U I M	1. 励磁绕组分为两个绕组，一组与电枢绕组串联，另一组与电枢绕组并联 2. 如果两个绕组所产生的磁通方向相一致，则称为积复励；如果两个绕组所产生的磁通方向相反，则称为差复励

提示

按励磁方式不同，仔细区分绕组的接线。

2. 按结构和工作原理分类（见表1-2）

表1-2　直流电动机按结构和工作原理分类

分类形式	种 类	外 形
无刷直流电动机	—	
有刷直流电动机	永磁式	

（续）

分类形式	种 类	外 形
有刷直流电动机	电磁式	

3. 按用途分类（见表1-3）

表1-3　直流电动机按用途分类

序号	名 称	主 要 用 途	型号	代号意义
1	直流电动机	基本系列，一般工业应用	Z	直流
2	直流测流机	测定原动机效率和输出功率	CZ	测流直流
3	起重冶金直流电动机	冶金辅助传动机械	ZZJ	冶金直流
4	直流牵引电动机	电力传动机车、工矿电动机车和蓄电池	ZQ	牵引直流
5	船用直流电动机	船舶上各种辅助机械	Z-H	船用直流
6	精密机床用直流电动机	磨床、坐标搔床等精美机床	ZJ	精密直流
7	汽车起动机	汽车、拖拉机、内燃机等	ST	起动直流
8	挖掘机用直流电动机	冶金矿山挖掘机	ZKJ	挖掘直流
9	龙门刨直流电动机	龙门刨床	ZU	刨床类直流
10	无槽直流电动机	快速动作伺服系统	ZW	直流无槽
11	防爆增安型直流电动机	矿井和有易燃气体场所	ZA	防爆直流
12	力矩直流电动机	作为速度和位置伺服系统的执行元件	ZLJ	直流力矩

四、直流电动机的电枢反应

当电枢绕组中没有电流通过时，由磁极所形成的磁场称为主磁场，其近似按正弦规律分布，如图1-9所示。

当电枢绕组中有电流通过时，绕组本身产生一个磁场，称为电枢磁场。当有负载时，电动机在定子与电枢的气隙间会产生一个磁场，称为合成磁场。电枢磁动势对主磁极磁动势的影响称为电枢反应，电枢磁场对主磁场的作用将使主磁场发生畸变。

在介绍电枢反应之前，先介绍两条中性线：

● 几何中性线 nn'　指通过电枢中心的异性主磁极之间的平分线，如图1-10a所示。

● 物理中性线 mm'　指通过电枢轴中心并与电枢铁心的磁力线相垂直的直线，如图1-10a所示。

在电枢电流等于零时，主磁场的这两条中性线是重合的。

1. 直流电动机的空载磁场（主磁场）

直流电动机空载时，电枢电流近似等于零，空载磁场可认为是励磁电流通过励磁绕组产生的励磁磁通建立的。该磁场的特性在很大程度上决定了直流电动机的运行特性，如图1-10a所示。

2. 直流电动机的电枢磁场

当电枢绕组中有电流流过时，产生电枢磁场。电枢电流的方向以电刷为界限。只要电枢固定不动，电枢磁场就不动，如图1-10b所示。

3. 合成磁场

带负载时，电动机内的磁场是由主磁场和电枢磁场的合成的，如图1-10c所示。

4. 电枢反应

电枢反应涉及两个磁场，即主磁场和电枢磁场，正是这两个磁场的作用才使电能与机械能可以相互转化。假定电枢逆时针转动，主磁场和电

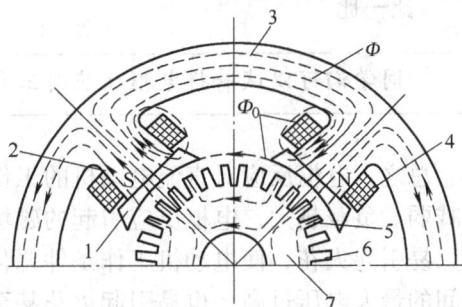

图1-9 直流电动机空载时磁场分布
1—极靴 2—机身 3—定子磁轭 4—励磁线圈 5—气隙 6—电枢齿 7—电枢磁轭

枢磁场叠加后的合成磁场如图1-10c所示，在主磁极的右侧（即电枢旋转时进入的一端），主磁场和电枢磁场方向相同，磁通增加；而在主磁极的左侧，主磁场和电枢磁场方向相反，磁通减少。因此，电枢反应使合成磁场的物理中性线逆着电枢转动方向移过β。同样，β的大小决定于电枢电流的大小，电枢电流越大，电枢磁场越强，β就越大，合成磁场就扭曲得越厉害。

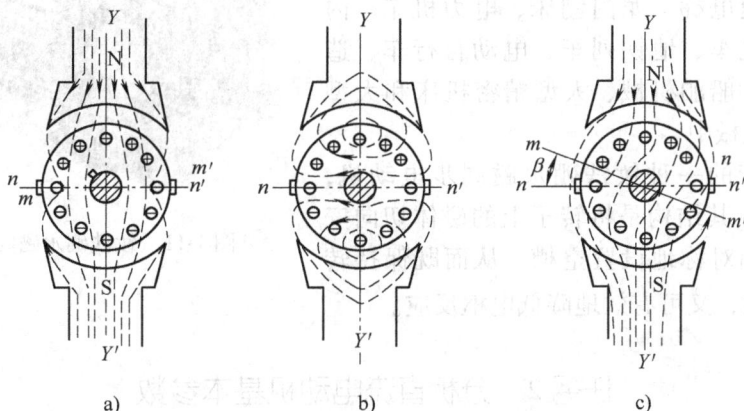

图1-10 直流电动机的电枢反应示意图
a）主磁极磁场分布 b）电枢磁场分布 c）合成磁场分布

5. 电枢反应对直流电动机的影响

（1）纯电阻性负载时的电枢反应 电枢磁场的电动势与电流相相同，电枢磁场使主磁场发生畸变，一半加强，一半削弱。

（2）纯电感性负载时的电枢反应 电枢磁场的电动势超前电流90°，电枢磁场产生的电动势与主磁场产生的电动势方向相反。因此，削弱了主磁场电动势，这就是三相电路中含有电感性元件时电压下降的原因。

（3）纯电容性负载时的电枢反应 电枢磁场的电动势滞后电流90°，因电枢磁场与主磁

场成90°，电枢磁场产生的电动势与主磁场产生的电动势方向相同。因此，加强了主磁场电动势，这就是三相电路中含有电容性元件时端电压上升的原因。

比一比

同学们可以试着将电枢反应对三种负载的影响对比一下，看有什么异同？

总之，电枢反应对直流电动机的工作影响很大，它使磁极半边的磁场加强，另半边的磁场减弱。负载越大，电枢反应引起的磁场畸变越强烈，其结果将破坏电枢绕组元件的正常换向，易引起火花，使电动机工作条件恶化。同时电枢反应将使极靴尖处磁通密集，造成换向片间的最大电压过高，也易引起火花甚至造成电动机环火。电枢反应严重时，会损坏电动机的电刷、换向器和电枢绕组。

扩展知识

在20世纪80年代以前，直流电动机虽然应用较为广泛，但由于制造工艺复杂、消耗有色金属较多、生产成本高、运行可靠性较差、维护比较困难等缺点，所以制约了它的市场需求和发展。由于直流电动机具有良好的起动和调速性能，所以常应用于要求起动转矩较大和调速范围较宽的场合，如大型可逆式轧钢机、矿井卷扬机、宾馆高速电梯、龙门刨床、电力机车、内燃机车、城市电车、地铁列车、电动自行车、造纸和印刷机械、船舶机械、大型精密机床和大型起重机等生产机械中。

新开发生产的一种钕铁硼永磁同步电动机，如图1-11所示，其结构是将转子上的磁体切向安置，转子的直轴对称地设置空槽，从而既保持转子的机械完整性，又可有效地降低电枢反应。

图1-11　钕铁硼永磁同步电动机

任务2　分析直流电动机基本参数

任务分析

通过对本任务的学习，了解直流电动机的基本参数，它关系到直流电动机的运行损耗和效率。其中，电磁转矩与电磁功率是学习的重点和难点。

相关知识

一、直流电动机的电枢电动势

电枢旋转时，主磁场在电枢绕组中感应的电动势，也就是电枢绕组每条并联支路里的感应电动势，简称为电枢电动势。根据电磁感应定律，导体在磁场中运动切割磁力线产生的感

应电动势的大小为

$$F = Blv \tag{1-2}$$

式中　B——磁场的磁感应强度（Wb/m^2）；

　　　l——导体的有效长度（m）；

　　　v——导体的运动速度（m/s）。

直流电动机的绕组由 $2a$（a 指的是支路对数）个并联支路组成，则绕组电动势即为支路电动势。N 表示电枢的有效导体总数，支路导体的总数为 $N/2a$，那么，电枢电动势也就是 $N/2a$ 根串联的有效导体的感应电动势之和。一根导体的有效长度用 l 表示，一条支路的导体的有效长度为 $Nl/2a$。

经过推导，得出每个支路的感应电动势的表达式为

$$E_a = \frac{N}{2a} e_{av} = \frac{N}{2a} \times 2p\Phi \frac{n}{60} = C_e \Phi n \tag{1-3}$$

式中　E_a——电枢感应电动势；

　　　e_{av}——感应电动势的平均值；

　　　p——磁极对数；

　　　Φ——磁通量；

　　　n——转速。

其中，$C_e = \dfrac{Np}{60a}$，C_e 为电动机结构常数。电枢电动势在电动机运行时，电动势与电流方向相反，称为反电动势。

二、直流电动机的电磁转矩与电磁功率

当电流流过电枢绕组时，载流导体在气隙磁场中将受到电磁力的作用，电枢全部导体受到的电磁力与电枢半径的乘积称为电磁转矩。

根据左手定则，可以判断电磁力的方向和电磁转矩的方向，导体一个绕组电磁力的大小为

$$f_x = B_x l i_a \tag{1-4}$$

式中　f_x——导体上一个绕组电磁力；

　　　B_x——磁感应强度；

　　　l——载流导体的长度；

　　　i_a——流过导体的电流值。

当电枢绕组导线总数是 N，导线电流即支路电流 $i_a = I_a/2a$，作用在电枢上的总电磁力为

$$f = B_{av} l N I_a / 2a \tag{1-5}$$

式中　f——电枢上的总电磁力；

　　　B_{av}——磁场的平均磁感应强度；

　　　l——载流导体的长度；

　　　N——导线总数；

　　　I_a——流过导线的总电流；

　　　$2a$——并联的支路数。

电磁力乘以电枢半径，就可以得到电磁转矩为

$$T = f\frac{D}{2} = B_{av}lNI_aD/4a \tag{1-6}$$

式中 T——电磁转矩；

$\quad B_{av}$——磁场的平均磁感应强度；

$\quad l$——载流导体的长度；

$\quad N$——导线总数；

$\quad I_a$——流过导线的总电流；

$\quad 4a$——并联的支路数；

$\quad D$——电枢直径。

将 $D = \dfrac{2p\Phi}{\pi lB_{av}}$ 代入式（1-6）得

$$T = \frac{pN}{2\pi a}\Phi I_a = C_T\Phi I_a \tag{1-7}$$

式中，$C_T = \dfrac{pN}{2\pi a} = 9.55C_e$，$C_T$ 称为电动机转矩常数。

电磁转矩对电动机来说是驱动转矩，是由电源供给电动机的电能转换来的，能够拖动负载运动。

三、直流电动机的平衡方程式及应用

1. 功率平衡方程式

（1）输入功率、电磁功率和铜损耗　直流电动机从电源吸取的电功率称为输入功率 P_1；将电能转变为机械能的功率为电磁功率 P；由于直流电动机的电枢绕组、电刷、电刷与换向器的接触处等存在的电阻，统称为回路电阻 R_a，电枢电流流过时，就会发热，产生损耗，称为铜损耗，简称铜耗 ΔP_{Cu}。当负载电流发生变化时，铜耗也会跟着发生变化，因此，又被称为可变损耗，即

$$P_1 = P + \Delta P_{Cu} \tag{1-8}$$

（2）机械损耗、铁损耗、空载损耗和输出功率　机械损耗是指产生于电刷与换向器之间，旋转部分与空气的摩擦，轴承、风扇等处，用 ΔP_Ω 表示。铁损耗是指在电枢铁心中存在的磁滞损耗和涡流损耗，用 ΔP_{Fe} 表示。空载损耗是指直流电动机通电后，在不带负载的情况下，仍然存在的机械损耗和铁损耗。因为空载损耗和负载无关，所以又被称为不变损耗，用 ΔP_o 表示，即

$$\Delta P_o = \Delta P_\Omega + \Delta P_{Fe} \tag{1-9}$$

电磁功率和输出功率 P_2 的关系为

$$P = P_2 + \Delta P_o = P_2 + \Delta P_\Omega + \Delta P_{Fe} \tag{1-10}$$

直流电动机通电后的功率平衡方程式为

$$P_1 = P + \Delta P_{Cu} = P_2 + \Delta P_o + \Delta P_{Cu} \tag{1-11}$$

直流电动机的效率 η 为

$$\eta = \frac{P_2}{P_1} \times 100\% = \frac{P_2}{P_2 + \Delta P_{Cu} + \Delta P_\Omega + \Delta P_{Fe}} \times 100\% \tag{1-12}$$

2. 电压平衡方程式

因为
$$P_1 = UI_a$$
$$P = E_a I_a$$
$$\Delta P_{Cu} = I_a^2 R_a$$

式（1-8）可以改为
$$UI_a = E_a I_a + I_a^2 R_a$$

经整理得
$$U = E_a + I_a R_a \tag{1-13}$$

这就是直流电动机的电压平衡方程式。电枢绕组通入电流后，在气隙磁场中切割主磁场的磁力线，产生感应电动势 E_a。根据楞次定律可知，感应电动势的方向是与电枢电流的方向相反，故被称为反电动势。电源必须克服反电动势做功，达到电动机将电能转换成机械能的目的。

3. 转矩平衡方程式

式（1-10）除以电动机的角速度 ω 得
$$\frac{P}{\omega} = \frac{P_2}{\omega} + \frac{\Delta P_o}{\omega}$$
$$T = T_2 + T_o \tag{1-14}$$

式中　T——电动机的电磁转矩（N·m）；

T_2——电动机轴上的输出转矩（N·m）；

T_o——电动机的空载转矩（N·m）。

式（1-14）为电动机的转矩平衡方程式。

由 $T_2 = \dfrac{P_2}{\omega}$，$\omega = \dfrac{2n\pi}{60}$ 联立可得到

$$T_2 = 9.55 \frac{P_2}{n} \tag{1-15}$$

任务3　分析直流电动机机械特性

任务分析

电动机的机械特性对分析电力拖动系统的起动、调速、制动等运行性能是十分重要的，通过对本任务的学习，掌握当直流电动机所带负载发生变化时转速变化的规律。人为机械特性的分析是学习的重点和难点。

相关知识

一、他（并）励直流电动机的机械特性

1. 他励直流电动机的机械特性分析

由公式 $E_a = C_e \Phi n$、$U = E_a + I_a R_a$ 可知

$$n = \frac{U - I_a R_a}{C_e \Phi} \tag{1-16}$$

把 $T = C_T \Phi I_a$ 代入式（1-16）得

$$n = \frac{U}{C_e \Phi} - \frac{R_a}{C_e C_T \Phi^2} T = n_o - \alpha T \qquad (1\text{-}17)$$

式（1-17）被称为他励电动机的机械特性方程，式中 $n_o = \dfrac{U}{C_e \Phi}$ 为理想空载转速，$\alpha = \dfrac{R_a}{C_e C_T \Phi^2}$ 为机械特性的斜率，C_e、C_T 是由电动机的结构决定的常数。

他励直流的电机的机械特性方程具有以下特性：

1）当电源电压 U 为常数、电枢电路总电阻 R 为常数、励磁磁通 Φ 为常数时，电动机的机械特性是一条向下倾斜的直线，这说明加大电动机的负载会使转速下降。特性曲线与纵轴的交点为 $T = 0$ 时的转速 n_o，即理想空载转速。

2）他励直流电动机的机械特性是一条过 n_o 点，且稍向下倾斜的直线，斜率为 α。α 越大，Δn 越大，机械特性就越"软"，通常称 α 大的机械特性为软特性。一般他励电动机在电枢没有外接电阻时，机械特性都比较"硬"。

3）自然（固有）机械特性是指当电源电压、励磁电流均为额定值、电枢电路不串入附加电阻的条件下，作出的特性曲线。因为他励直流电动机的斜率 α 较小，所以当电动机负载转矩增大时，转速的下降并不是太大。机械特性的硬度也可用额定转速调整率 $\Delta n\%$ 来表示，如图 1-12 所示，即转速调整率越小，则机械特性硬度越高。按照我国电动机技术标准规定，电动机的转速调整率 $\Delta n\%$ 为 $\Delta n\% = \dfrac{n_o - n_N}{n_N} \times 100\%$，$n_N$ 为电动机的额定转速。

一般他励电动机的转速调整率 $\Delta n\%$ 为 $3\% \sim 8\%$。这种特性适用于在负载变化时要求转速比较稳定的场合，经常用于金属切削机床、造纸机械等要求恒速的地方，他励电动机电路如图 1-13 所示。

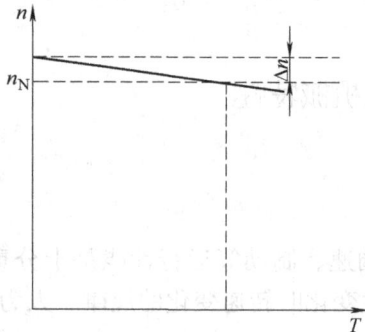

图 1-12　他励直流电动机自然机械特性　　图 1-13　他励直流电动机的电路

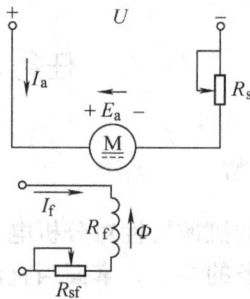

4）人为机械特性。每台电动机只有一条固有机械特性。把当改变电气参数时（如变电源电压、或变气隙磁通、或变电枢外串电阻）所得到的机械特性，称为人为机械特性。

①电枢电路串联电阻的人为机械特性，如图 1-14 所示。电枢加额定电压 U_N，每极磁通为额定值 Φ_N，电枢电路串联电阻 R 后，机械特性表达式为

$$n = \frac{U_N}{C_e \Phi_N} - \frac{R_a + R}{C_e C_T \Phi_N^2} T \qquad (1\text{-}18)$$

显然，理想空载转速 $n_0 = \dfrac{U_N}{C_e \Phi_N}$，与固有机械特性的 n_0 相同；斜率 $\alpha = \dfrac{R_a + R}{C_e C_T \Phi_N^2}$ 与电枢电路电阻有关，串联的阻值越大，特性曲线倾斜得越大。

电枢电路串联电阻的人为机械特性是一组放射型直线，都过理想空载转速点。

②改变电枢电压的人为机械特性，如图 1-15 所示。保持每极磁通为额定值不变，电枢电路不串电阻，只改变电枢电压时，机械特性表达式为

$$n = \frac{U}{C_e \Phi_N} - \frac{R_a}{C_e C_T \Phi_N^2} T \qquad (1-19)$$

电压 U 的绝对值大小要低于额定值，否则将损坏绝缘结构，但是可以改变电压方向。

③减少气隙磁通量的人为机械特性，如图 1-16 所示。用减少励磁电流来实现减少气隙每极磁通。因为电动机磁路接近于饱和，所以增大每极磁通难以做到，故改变磁通时，都是减少磁通。机械特性表达式为

$$n = \frac{U_N}{C_e \Phi} - \frac{R_a}{C_e C_T \Phi^2} T \qquad (1-20)$$

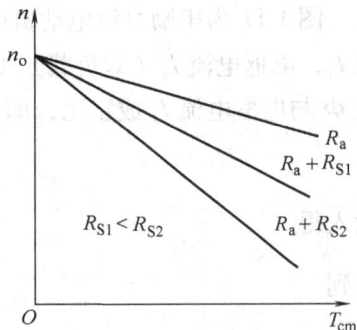

图 1-14 电枢电路串接电阻的人为机械特性

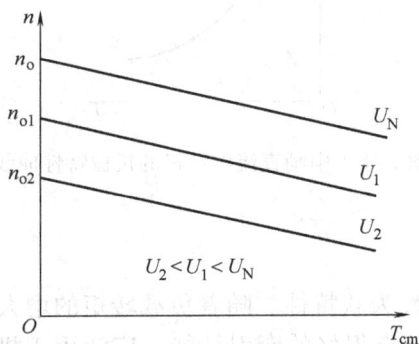

图 1-15 改变电枢电压的人为机械特性

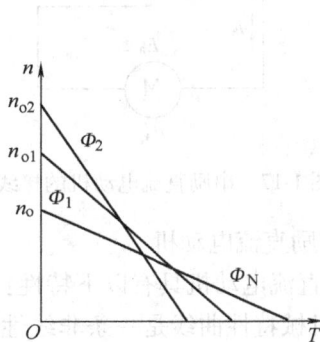

图 1-16 减少气隙磁通量的人为机械特性

显然理想空载转速 $n_0 \propto \dfrac{1}{\Phi}$，$\Phi$ 越小，n_0 越大；而斜率 $\alpha \propto \dfrac{1}{\Phi^2}$，$\Phi$ 越小，特性曲线倾斜得越大。其人为机械特性为一组既不平行又不呈放射的直线。

想一想

在三个人为机械特性中，不同的参数发生变化后，对于恒转矩负载来说，其转速发生了什么变化？

2. 并励电动机机械特性

并励直流电动机具有与他励电动机相似的（硬的）机械特性，由于并励电动机的励磁

绕组与电枢绕组并联，共用一个电源，所以电枢电压的变化会影响励磁电流的变化，使其机械特性比他励的稍软。

二、串励电动机的机械特性

图 1-17 为串励直流电动机的接线，励磁绕组与电枢绕组串联，励磁电流 I_f 等于电枢电流 I_a，电枢电流 I_a（即负载）变化将引起主磁通的变化。在 I_a 较小时，磁路未饱和时，磁通 Φ 与电枢电流 I_a 成正比，即 $\Phi = CI_a$。又因为 $T = C_T\Phi I_a = (C_T/C)\Phi^2$，即

$$\Phi = \sqrt{C/C_T}\sqrt{T}$$

代入得

$$n = \frac{U - I_aR_a}{C_e\Phi} = \frac{U}{C_e\Phi} - \frac{I_aR_a}{C_e\Phi}$$

得到

$$n = C_1\frac{U}{\sqrt{T}} - C_2R_a \qquad\qquad (1-21)$$

式中，C_1 及 C_2 均为常数，串励励磁绕组电阻较小，可忽略不计。

在磁极未饱和的条件下，串励电动机的机械特性曲线如图 1-18 所示。

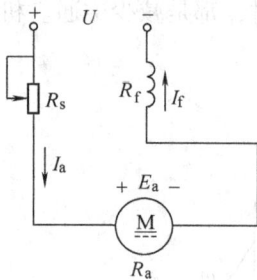

图 1-17　串励直流电动机的接线　　　　图 1-18　串励直流电动机的机械特性曲线

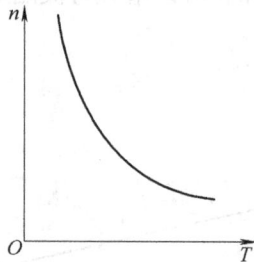

1. **串励直流电动机**

串励直流电动机具有以下特性：

1）机械特性曲线是一条非线性的曲线，机械特性为软特性。随着负载转矩的增大（减小），转速自动减小（增大），保持功率基本不变，即有很好的牵引性能，广泛用于机车类负载的牵引动力。

2）理想空载转速为无穷大，实际上由于有剩磁磁通存在，所以 $n_。$ 一般可达 $(5 \sim 6)n_N$，空载运行会出现"飞车"现象。因此，串励电动机是不允许空载、轻载运行或用传动带传动的。

3）由于 U 与 I_a 的二次方成正比，所以串励电动机的起动转矩大，过载能力强。

4）串励直流电动机同样可以采用电枢串联电阻、改变电源电压和改变磁通的方法来获得各种人为机械特性，其人为机械特性曲线的变化趋势与他励直流电动机的人为机械特性曲线的变化趋势相似，如图 1-19 所示。

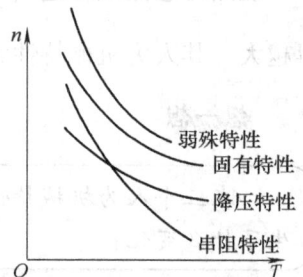

2. **串励与并励电动机性能比较**

串励与并励电动机性能比较见表 1-4。

图 1-19　串励直流电动机
人为机械特性曲线

表 1-4 串励与并励电动机性能比较

类 别	串励电动机	并励电动机
主磁极绕组和电枢绕组连接方法	两个绕组串联,主磁极绕组承受的电压较低,流过的电流较大	两个绕组并联,电枢绕组承受的电压较低,流过的电流较大
主磁极绕组构造特点	绕组匝数较少,导线线径比较粗,绕组的电阻较小	绕组匝数较多,导线线径较细,绕组的电阻较大
机械特性	具有软的机械特性,负载较小时,转速较高,当负载增大时,转速迅速下降。具有恒功率特性	具有硬的机械特性,负载增大时,匝数下降不多,具有恒转速特性
应用范围	适用于恒功率负载,速度变化大的负载	适用于负载变化但要求转速比较稳定的场合
使用时注意事项	空载或轻载时转速很高,会造成换向困难或离心力过大而使电枢绕组损坏,不允许空载起动及传动带传动	可以轻载或空载运行,主磁通很小时有可能造成"飞车",主磁极绕组不允许开路

任务 4   直流电动机的运行

想一想

为何他励直流电动机在直接起动时,起动电流大,它对电网和电动机都会带来较大的影响和危害。

相关知识

一、他励直流电动机的起动

要正确使用电动机,首先碰到的问题是怎样使它起动?

所谓直流电动机的起动,是指直流电动机接通电源后,转速由静止状态上升到稳定转速的全过程。要使电动机的起动过程合理,要考虑的问题包括起动电流的大小、起动转矩的大小、起动时间的长短、起动过程是否平滑、起动过程的能量损耗、起动设备的简单可靠等。其中,起动电流和起动转矩是主要的。

提示

如果直流电动机在额定电压下直接起动,由于电枢电路的电阻很小,起动时电枢电流非常大,通常可高达额定电流的 10 ~ 20 倍。这不但会使电动机的换向情况恶化,而且会因过大的起动电流而产生过大的起动转矩,使电动机本身和它所驱动的生产机械遭到过大的冲击以致破坏。

因此,一般电动机起动时,要将起动电流限制在额定电流的 2 ~ 2.5 倍,起动转矩为额定转矩的 1.2 ~ 2 倍。所以,只有功率很小的直流电动机才能直接起动,而一般的直流电动机都要在起动时设法对电枢电流加以限制。为保证足够的起动转矩和不使起动时间过长,一般将起动电流限制在额定电流的 2 ~ 2.5 倍,以便使电枢电流最有效地产生起动转矩。

为了满足电动机的起动要求，可以采取以下措施来起动：

1. 电枢电路串联电阻起动

由公式

$$I_{st} = \frac{U_N}{R_a + R_{st}}$$

可知，一般情况下：$I_{st} \leq 2I_N$。

由上式可选定 R_{st}，起动过程中要求电动机的电磁转矩必须大于负载转矩，当串入电阻后，电动机有了加速转矩，电动机开始转动，则有

$$I_{st} = \frac{U_N - E_a}{R_a + R_{st}} \tag{1-22}$$

额定功率较小的电动机可采用在电枢电路内串联起动变阻器的方法起动。起动前先把起动变阻器调到最大值，加上励磁电压，保持励磁电流为额定值不变。再接通电枢电源，电动机开始起动。随着转速的升高，逐渐减小起动变阻器的电阻，直到全部切除。

额定功率较大的电动机一般采用分级起动的方法，以保证起动过程中既有比较大的起动转矩，又使起动电流不会超过允许值。

2. 降低电枢电压起动

除了增大电阻外，还可以通过减小电枢电压来减小起动电流。在直流电动机起动瞬间，给电动机加上较低的电压，随着电动机转速的升高，逐步增加直流电压的数值，直到电动机起动完毕，加在电动机上的电压即是电动机的额定电压。

降低电枢电压起动方法一般只用于大功率且起动频繁的直流电动机，其优点是起动电流小，起动时消耗能量少，升速比较平稳。也有采用由晶闸管整流电路组成的"整流器-电动机"组，也适用于降低电枢电压起动。

降低电枢电压起动虽然在起动过程中基本上不损耗能量，但是所需设备复杂，价格较贵；电枢电路串联电阻起动方法，在起动过程中，起动电阻上有能量损耗，但所需设备简单，价格较低。对于小型直流电动机一般用串联电阻起动，功率稍大但不需经常起动的电动机也可用串联电阻起动，而需经常起动的电动机，如运输、起重机械上的电动机，则宜用降低电枢电压的方法起动。

二、他励直流电动机的正反转

直流电动机的电磁转矩在电动运行状态时是驱动性质的转矩，改变电动机的转向，实质上就是改变电动机的电磁转矩的方向，而电磁转矩的方向由主磁极磁通方向和电枢电流的方向决定。因此，只要改变磁通或电枢电流任意一个参数的方向，电磁转矩的方向即可改变。在控制时，通常通过以下两种方向来实现直流电动机的反转。

1. 改变励磁电流方向

保持电枢两端电压极性不变，将励磁绕组接入电源的两个出线端调换，使励磁电流反向，也就是改变主磁极磁通的方向。

2. 改变电枢电流方向

保持励磁绕组两端的电压极性不变，将电枢绕组反接，电枢电流即改变方向。

想一想

为什么实际生活中经常采用改变电枢电流的方法来实现电动机的反转呢?

由于他励和并励电动机励磁绕组的匝数较多,电感较大,励磁电流从正向额定值变到反向额定值的时间长,反向过程缓慢,而且在励磁绕组反接断开瞬间,绕组中将产生很大的自感电动势,可能造成绕组绝缘结构击穿,所以实际应用中大多采用改变电枢电流的方法来实现电动机的反转。但在电动机功率很大,对反转速度变化要求不高的场合,为了减少控制电器的容量,可采用改变励磁绕组极性的方法实现电动机的反转。

对于复励电动机,一般也用改变电枢电流方向的方法来改变转向,不过要注意保持串励绕组流过的电流方向不能改变,否则将使积复励电动机变为差复励电动机,导致电动机反转时不能稳定工作。

三、他励直流电动机的调速

为了提高劳动生产率和保证产品质量,要求生产机械在不同的情况下有不同的工作速度,如轧钢机在轧制不同的品种和不同厚度的钢材时,就必须有不同的工作速度以保证生产的需要,这种人为改变速度的方法称为调速。

调速可以通过机械或电气两种方法来实现。这里只分析电气的调速方法及其性能特点。电气调速是人为地改变电气参数,有意识地使电动机工作点由一条机械特性曲线转换到另一条机械特性曲线上,为了生产需要而对电动机转速进行的一种控制,它与电动机在负载或电压随机波动时而引起的转速扰动变化是两个不同的概念。

1. 电枢串电阻调速

他励直流电动机拖动负载运动时,保持电源电压及励磁电流为额定值不变,在电枢电路中串入不同阻值的电阻,电动机将运行于不同的转速如图 1-20 所示,图中的负载为恒转矩负载。

当电枢电路串入电阻 R 时,电动机的机械特性的斜率将增大,电动机和负载的机械特性的交点将下移,即电动机稳定运行转速降低。

调节过程为:增加电阻 $R_a \to R \uparrow \to n \downarrow \to n_o$。

电枢电路串电阻调速方法的优点是设备简单,调节方便;缺点是调速范围小。它适合于恒转矩调速方式,转速只能由额定转速往下滑,只能分级调速,调速平滑性差。电枢电路串入电阻后,电动机的机械特性变"软",使负载变动时电动机产生较大的转速变化,即转速稳定性差,而且调速效率较低。

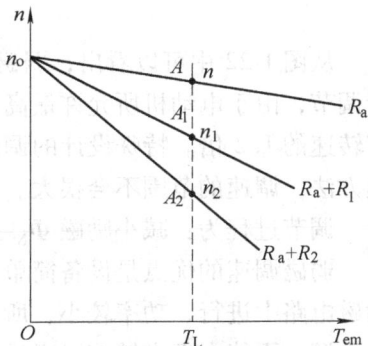

图 1-20 电枢串电阻调速

2. 改变电枢电源电压调速

他励直流电动机的电枢电路不串联电阻,由可调节的直流电源向电枢供电,最高电压不应超过额定电压。励磁绕组由另一电源供电,一般保持励磁磁通为额定值。电枢电源电压不同时,电动机拖动负载将运行于不同的转速上,如图 1-21 所示,图中的负载为恒转矩负载。

从图 1-21 中可以看出，电枢电压越低，转速也越低。调节过程为：改变电压 $U_N \rightarrow U\downarrow$ $\rightarrow n\downarrow \rightarrow n_o\downarrow$。同样，改变电枢电源电压调速方法的调速范围也只能在额定转速与零转速之间调节。调速的特性是转速下降，机械特性曲线平行下移。也就是改变电枢电源电压调速时，电动机机械特性的"硬度"不变，因此，即使电动机在低速运行时，转速随负载变动而变化的幅度也不大，即转速稳定性好。当电枢电源电压连续调节时，转速变化也是连续的，所以这种调速称为无级调速。

改变电枢电压调速方法的优点是速度可作连续变化，调速平滑性好，调速范围广，即可实现无级调速；机械特性的斜率不变，调速效率高，转速稳定性好；属于恒转矩调速，电动机不允许电压超过额定值，只能由额定值往下降低电压调速，即只能减速；电能损耗小，效率高，还可用于降低电枢电压起动。其缺点是电源设备的投资费用较大。

3. 弱磁调速

保持他励直流电动机电枢电源电压不变，电枢电路也不串接电阻，即保持电压 $U = U_N$，电阻 $R = R_a$。在电动机拖动负载转矩不很大（小于额定转矩）时，减少直流电动机的励磁磁通，可使电动机转速升高。他励直流电动机带恒转矩负载是弱磁调磁，如图 1-22 所示。

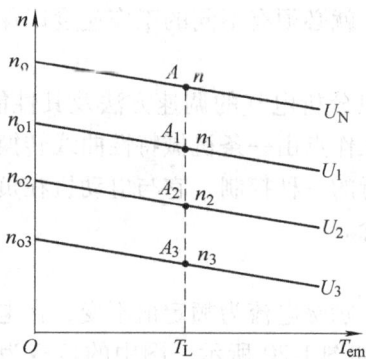

图 1-21 改变电枢电压调速机械特性

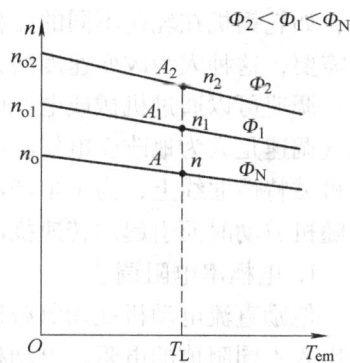

图 1-22 弱磁调速机械特性

从图 1-22 中可以看出，弱磁调速的范围是在额定转速与电动机所允许最高转速之间进行调节，由于电动机所允许最高转速值是受电动机换向与机械强度所限制，所以一般约为额定转速的 1.2 倍。特殊设计的调速电动机，可达到额定转速的 3 倍或更高。单独使用弱磁调速方法，调速的范围不会很大。

调节过程为：减小励磁 $\Phi_N \rightarrow \Phi\downarrow \rightarrow n\uparrow \rightarrow n_o\uparrow$。

弱磁调速的优点是设备简单，调节方便，运行效率也较高，适用于恒功率负载；调速在励磁电路中进行，功率较小，所以能量损失小，控制方便；速度变化比较平滑，但转速只能往上调，不能在额定转速以下进行调节。其缺点是励磁过弱时，机械特性的斜率大，转速稳定性差，拖动恒转矩负载时，可能会使电枢电流过大；调速的范围较窄，在磁通减少太多时，由于电枢磁场对主磁通的影响加大，会使电动机火花增大、换向困难；在减少磁通调速时，如负载转矩不变，电枢电流必然增大，要防止电流太大带来的问题，如发热、打火等。

想一想

本部分共介绍了几种调速方法，每种调速方法中对负载的转速产生了什么影响？是增大了还是减小了？

三种调速方法的性能比较：对于要求在一定范围内无极平滑调速的系统来说，以调节电枢供电电压的方式为最好。改变电阻只能是有级调速；减弱磁通虽然能够平滑调速，但调速范围不大，往往只是配合调压方案，在电动机额定转速以上作小范围的弱磁升速。因此，自动控制的直流调速系统往往以调压调速为主。

在实际电力拖动系统中，可以将几种调速方法结合起来，这样，可以得到较宽的调速范围。电动机可以在调速范围之内的任何转速上运行，而且调速时损耗较小，运行效率较高，能很好地满足各种生产机械的调速要求。

四、他励直流电动机的制动

电动机的制动有两方面的意义：一是使拖动系统迅速减速停机，这时的制动是指电动机从某一转速迅速减速到零的过程（包括只降低一段转速的过程），在制动过程中电动机的电磁转矩起着制动的作用，从而缩短停机时间，以提高生产率；二是限制位能性负载的下降速度，这时的制动是指电动机处于某一稳定的制动运行状态，此时电动机的电磁转矩起到与负载转矩相平衡的作用。

例如起重机下放重物时，若不采取措施，由于重力作用，重物下降速度将越来越快，直到超过允许的安全下放速度。为防止这种情况发生，可采取制动措施，使电动机的电磁转矩与重物产生的负载转矩相平衡，从而使下放速度稳定在某一安全下放速度上。

电动机的制动分机械制动和电器制动两种，这里只讨论电气制动。

所谓电气制动，就是指使电动机产生一个与转速方向相反的电磁转矩，起到阻碍运动的作用。

他励直流电动机的电气制动方法有：能耗制动、反接制动和回馈制动等，下面分别讨论。

1. 能耗制动

能耗制动的制动原理是利用双掷开关将正常运行的电动机电源切断，并将电枢电路串入适当阻值的电阻。进入制动状态后，电动机拖动系统由于有惯性作用会继续旋转。当电枢电流反向，转矩也反向，其方向和转速方向相反，成为制动转矩，使电动机很快地停转。

在能耗制动过程中，电动机靠惯性旋转，电枢通过切割磁场将机械能转变成电能，并消耗在电枢回路电阻上，因而称为能耗制动。

在能耗制动时，机械特性方程为

$$n = -\frac{R}{C_e \Phi}I = -\frac{R}{C_e C_T \Phi^2}T$$

电枢电流反向，其产生的转矩也反向，成制动转矩，所以此时的电枢电流为制动电流。其最大值在能耗制动的起点，为了保证能耗制动过程的安全，通常限制最大制动电流不超过 $2 \sim 2.5 I_N$。

能耗制动可以理解成通过利用消耗能量来实现直流电动机的制动。

2. 反接制动

直流电动机反接制动分为两种：一种是电源反接制动，即改变电枢绕组上的电压方向（使电枢电流反向）或改变励磁电流的方向（使磁通反向），同时电枢中串入制动电阻；另一种是倒拉反接制动，可以使电动机得到反向力矩，产生制动作用。

在电源反接过程中，电源继续向电动机输入电能，这些能量大都消耗在电枢电路电阻中。

制动时，由于加有反向电源，所以当在制动速度为零时，就标志着制动阶段结束，若不及时切除电源或进行机械抱闸，电动机将要进入反向电动运行。

反接制动的优点是制动转矩比较恒定，制动较强烈，操作比较方便。其缺点是需要从电网吸取大量的电能，而且对机械负载有较强的冲击作用。

反接制动一般应用在快速制动的小功率直流电动机上。

3. 回馈制动

电动机在电动运行状况下，由于某种条件的变化（如带位能性负载下降、降压调速等），使电枢转速超过理想空载转速，则进入回馈制动。如直流电动机所拖动的电车或电力机车，在电车下坡时，电车位能负载使电车加速，转速升高到一定值后，反向电动势 E 大于电网电压 U，电动机转变为发电机运行，电磁转矩变为制动转矩，把能量反馈给电网，以限制转速继续上升，电动机将以稳定转速控制电车下坡。这时，电动机从电动机状态转变为发电机状态运行，把机械能转变为电能，向电源馈送，故称为回馈制动也称为再生制动或发电制动。

回馈制动的优点是产生的电能可以反馈回电网中去，使电能获得利用，简便可靠而经济。其缺点是回馈制动只能发生在电枢转速大于理想空载转速的场合，限制了它的应用范围。

任务5 认识直流发电机

想一想

直流发电机和直流电动机有什么区别，它们可以互换吗？

一、直流发电机简介

直流电机包括能产生直流电流的发电机和输入直流电流后使转子转动对外输出机械功率的直流电动机。直流发电机与直流电动机在理论上是可逆的，即同一台直流电动机，如果用原动机拖动它的转子旋转时，可作为发电机向外输出直流电。反过来，如果向它输入直流电时，它又可以将电能转变为机械能拖动生产机械工作，这时它又成为电动机。

二、直流发电机的工作原理

在直流电动机的调试和制动中曾经提到，电动机由于某种原因转速上升时，电枢电动势也会上升。当电枢电动势上升到大于电网电压值时，电枢电流就会反向，电动机向电网送出电流。这时电枢电动势由反电动势变为电源电动势，电磁转矩由驱动转矩变为制动转矩，电动机由将电能转换成机械能变为机械能转换成电能，这就是直流电动机的逆运行——发电机运行。

直流电动机的结构与发电机的相同。一台直流电机，原则上既可以做直流电动机运行，又可以做直流发电机运行，这叫做直流电机的可逆性。

当原动机驱动电机转子逆时针旋转时，线圈12将产生感应电动势，如图1-23所示。

导体1在N极处，高电位接电刷A，导体2在S极处，低电位接电刷B，电刷A极性为正，电刷B极性为负。导体转过180°，导体2在N极处，高电位接电刷A，导体1在S极处，低电位接电刷B，仍然是电刷A极性为正，电刷B极性为负，将内部交变的感应电动势变成外部的直流电压，向负载供电。

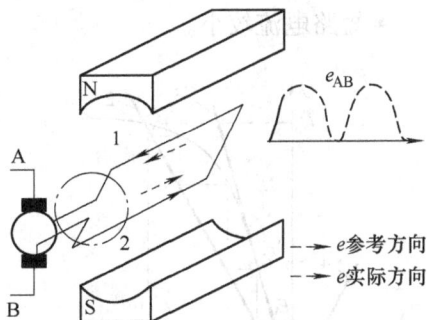

图1-23 直流发电机的工作原理图

直流发电机也可分为他励和自励两大类，自励发电机按励磁绕组的接线不同，又可分为并励、串励和复励三种。

三、并励直流发电机的自励调节

并励直流发电机的原理接线如图1-24所示，它可利用其自身的剩磁建立起稳定的电压，该过程称为自励过程。并励直流发电机的特点是不提供励磁电源，由电枢电压提供励磁电源。在剩磁电压的作用下，电枢电动势和端电压升高，使励磁电流进一步增加，磁场进一步增加，直至发电机建立一个恒定的直流电压。并励直流发电机的建压过程如图1-25所示。

自动建立稳定电压的四个必要条件为：

● 发电机内部的主磁极必须有剩磁。

● 励磁绕组与电枢绕组的接法正确，即使励磁电流产生的磁通方向与剩磁方向一致。

● 励磁电路的总电阻应小于建压时的临界电阻（电阻线与空载特性线性段重合时对应的电阻）。

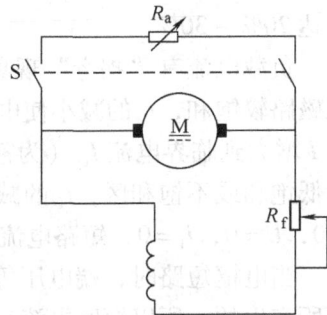

图1-24 并励发电机原理接线

● 转速不能偏低。

实际应用中，并励直流发电机自励而电压未能建立时，应先减小励磁电路外串电阻；若电压仍不能建立，再改变励磁绕组与电枢绕组连接的极性；若电压还是不能建立，则应考虑可能没有剩磁，充磁后，再进行自励发电。

四、并励直流发电机的外特性

并励直流发电机的外特性是指转速等于额定转速时和负载电阻为额定负载电阻时负载电流和端电压之间的关系。

求取外特性时，先保持转速等于额定转速，调节电流使发电机的端电压为额定电压时，负载电流为额定电流，此时的励磁电阻值为额定负载电阻。若额定负载电阻不变，求取不同负载电流下的端电压值，即可得到外特性曲线，如图 1-26 所示。并励发电机与他励发电机的外特性曲线相比较，并励发电机的外特性曲线有三个特性：

● 并励发电机端电压比他励发电机端电压下降速度快。

● 外特性曲线有"拐弯"现象。

● 短路电流较小。

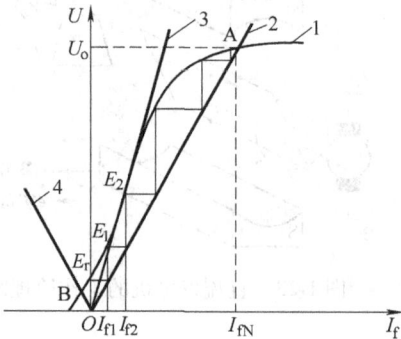

图 1-25 并励直流发电机的建压过程
1—空载特性 $U_0 = f(I_f)$　2、3、4—励磁
回路伏安特性即磁场电阻线 $U_f = f(I_f)$

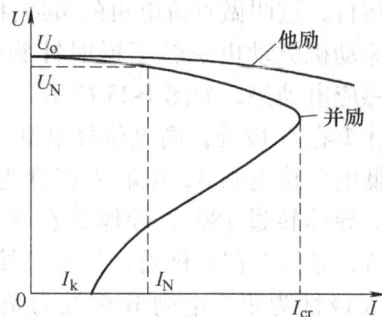

图 1-26 并励直流发电机的外特性

并励发电机外特性曲线下降较快的原因是励磁绕组与电枢绕组并联，当发电机端电压下降时，励磁电流减少，磁通变弱，电枢电动势降低，使端电压进一步下降，它的电压变化率可达 20% ~ 30%。

负载电流有"拐弯"现象的原因：由于在电枢电路 $I = U/R_L$，当电压下降不多时，发电机磁路较饱和，I_f 的减小使电压 U 的减小不大，负载电流随着负载电阻的减小而增大；当电流 I 增大到临界电流 I_{cr}（为额定电流的 2~3 倍）后，电压 U 的持续下降，已使 I_f 的取值进入低饱和或不饱和区，I_f 的减小使电压 U 急速下降，从而使 I 不断减小，直到短路，即 $R_L = 0$，$U = 0$，$I_f = 0$，短路电流为 $I_{K0} = U_r/R_a$，其中 U_r 为剩磁电压，且数值很小。

当电枢短路时，端电压等于零，励磁绕组内无电流流过。此时，短路电流是电枢剩磁电压所产生的，所以短路电流较小。

任务 6　推导直流发电机基本方程式

任务分析

通过对本任务的学习，掌握直流发电机的基本方程式的推导过程。

相关知识

根据励磁方式的不同，直流发电机可分为他励直流发电机、并励直流发电机、串励直流发电机和复励直流发电机。以并励直流发电机为例，如图 1-27 所示，推导直流发电机的基本方程式。

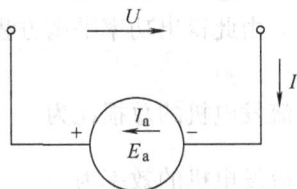

各物理量正方向的规定：

- 电枢电动势 E_a 与电流 I_a 方向一致。
- 电磁转矩 T 与转速 n 方向相反，为制动转矩。

图 1-27　直流发电机的电路

想一想

> 按照励磁方式划分，直流发电机和直流电动机的分类一样吗？

一、电压平衡方程式

电枢电动势 $E_a = C_e \Phi n$，R_a 为电枢电路总电阻，$2\Delta U_b$ 为正负电刷与换向器表面接触的电压降，根据基尔霍夫电压定律可得，电压平衡方程式为

$$E_a = U + I_a R_a + 2\Delta U_b \approx U + I_a R_a \tag{1-23}$$

从式（1-23）可见，直流发电机 $E_a > U$。

二、转矩平衡方程式

发电机的电磁转矩是制动转矩，其转向与原动机拖动方向相反。为了使发电机恒速运转，原动机的驱动转矩 T_1 应与空载制动转矩 T_o 和电磁转矩 T 相平衡，故

$$T_1 = T + T_o \tag{1-24}$$

三、功率平衡方程式

如图 1-28 所示，将 $T_1 = T + T_o$ 乘以发电机的机械角速度 Ω，即发电机把机械能转换成电能，得

$$P_1 = P_M + P_o$$

式中　P_1——输入功率；

　　　P_M——电磁功率；

　　　P_o——空载损耗功率。

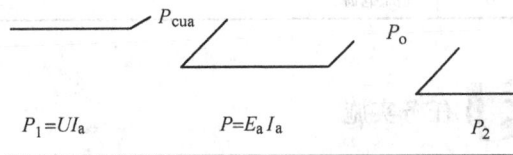

图 1-28　他励直流发电机的功率流程图

$$P_o = P_m + P_{Fe} + P_s$$

式中　P_m——机械磨损损耗；

P_{Fe}——铁损耗；

P_s——附加损耗。

又 $$P_M = T\Omega = \frac{pN}{2\pi a}\Phi I_a \frac{2\pi n}{60} = \frac{pN}{60a}\Phi I_a n = E_a I_a$$

由 $$U = E_a - R_a I_a, \ \text{得} \ E_a I_a = U I_a + R_a I_a^2$$

即 $$P_M = P_2 + P_{Cua}$$

式中 P_2——发电机输出的功率；

P_{Cua}——电枢电路铜损耗。

由此得出功率平衡方程式为

$$P_1 = P_M + P_o = P_2 + P_{Cua} + P_m + P_{Fe} + P_s \tag{1-25}$$

直流发电机的总损耗为 $$\sum P = P_{Cua} + P_m + P_{Fe} + P_s$$

直流发电机的效率为 $$\eta = \frac{P_2}{P_1} \times 100\% = \left[1 - \frac{\sum P}{P_2 + \sum P} \right] \times 100\%$$

想一想

> 直流发电机和直流电动机的电压、转矩、功率平衡方程式有何异同。

【实训1】 直流电动机的拆装

任务准备

直流电动机的拆装所需设备和工具见表1-5。

表1-5 直流电动机的拆装所需设备和工具

序号	名 称	数量	单位
1	直流电动机	1	台
2	500V绝缘电阻表、万用表、钳形电流表、电桥	1	套
3	常用电工工具	1	套
4	皮带把子、铜棒、弹簧秤等专用工具	1	套
5	1.5V 1号电池、青壳纸、白纱带、煤油、黄油、导线	若干	
6	直流电源	1	组

任务实施

1. 拆装前的准备

1）直流电动机解体前记录电动机铭牌，并记录在报告中。

2）用500V绝缘电阻表测量励磁绕组、电枢绕组对地绝缘电阻值并记录。

3）按拆卸顺序完整、无错地登记电动机驱动端、非驱动端零部件。

2. 拆装顺序

1）拆除直流电动机的接线。

2）用弹簧秤测量各电刷的工作压力，工作压力应为 15～25kPa。松开弹簧，将电刷从刷握中取出，拆开刷架与电枢电源的连接线并作好标记。

3）用 500V 绝缘电阻表（见图 1-29）测量绕组对地、电枢绕组对地以及电刷刷架对地的绝缘电阻值并记录。

4）拆除直流电动机非轴伸端的轴承油盖及非轴伸端的端盖。

5）将刷架（见图 1-30）取出放好，注意在取出时防止刷架划伤换相器表面；拿出的刷架放置在安全处，防止损坏。

图 1-29　500V 绝缘电阻表　　　　　　　　　　　图 1-30　刷架

6）用合适宽度的青壳纸包住整个换向器表面，并用白纱带绑好，防止后续工作将其表面划伤。

7）拆除直流电动机轴伸端的轴承油盖及轴伸端的端盖。

8）将电动机电枢小心地从定子膛中抽出，并摆放到专用托架上。注意在抽取电枢的过程中，不要刮碰到电枢绕组、换向器及磁极绕组。

拆卸完后的直流电动机如图 1-31 所示。

图 1-31　拆卸后的直流电动机

1—前端盖　2—电刷和刷架　3—定子绕组　4—定子铁心　5—机壳　6—电枢　7—后端盖

9）电动机的安装顺序可按拆卸的相反顺序操作。

检查评议

直流电动机拆装检查评议见表1-6。

表1-6　直流电动机拆装检查评议

班级			姓名		学号		分数		
序号	主要内容	考核要求		评　分　标　准			配分	扣分	得分
1	实训准备	1. 工具、材料、仪表准备完好 2. 穿戴劳保用品		1. 工具、材料、仪表未准备完好，一项扣5分 2. 未穿戴劳保用品，扣10分			20		
2	实训内容	1. 仪器仪表使用 2. 绕组判别		1. 仪器仪表使用不正确，扣10分 2. 不能正确判别各绕组出线端，扣15分			25		
3		1. 伺服电动机与伺服驱动器接线 2. 电源接线		1. 电动机与驱动器接线错误，扣15分 2. 电源接线错误，扣10分			25		
4	通电试验	1. 通电试验方法 2. 通电试验步骤		1. 通电试验方法不正确，扣10分 2. 通电试验步骤不正确，扣10分			20		
5	安全文明生产	1. 整理现场 2. 设备仪器无损坏 3. 工具遗忘 4. 遵守课堂纪律，尊重老师，不得延时		1. 未整理现场，扣10分 2. 设备仪器损坏，扣10分 3. 工具遗忘，扣10分 4. 不遵守课堂纪律或不尊重老师，取消实训			10		
时间	120min	开始		结束			合计		
备注			教师签字				年	月	日

【实训2】　减小直流电动机的电枢反应

任务准备

减小直流电动机的电枢反应所需设备和工具见表1-7。

表1-7　减小直流电动机的电枢反应所需设备和工具

序号	名　　　称	型号	数量	单位
1	直流电动机		1	台
2	内六角扳手	6～12mm	1	件
3	呆扳手	6～10mm	1	件
4	拉钩、铜棒等		若干	
5	常用电工工具		1	套
6	常用配件		若干	

任务实施

1. 减小直流电动机电枢反应的方法之一（更换电刷）

全国技工院校"十二五"系列规划教材·高级工
中国机械工业教育协会推荐教材

电机与变压器

习 题 册

学校＿＿＿＿＿＿＿＿＿＿＿＿＿＿＿

班级＿＿＿＿＿＿＿＿＿＿＿＿＿＿＿

姓名＿＿＿＿＿＿＿＿＿＿＿＿＿＿＿

学号＿＿＿＿＿＿＿＿＿＿＿＿＿＿＿

机械工业出版社

目 录

项目1 直流电机

任务1 认识直流电动机

一、填空题

1. 直流电机按其工作原理的不同可分为两大类，把机械能转变为直流电能输出的电机叫_____，而将直流电能转变成机械能输出的电机叫_____。

2. 直流电机在运行中是可逆的，即一台直流电机既可以作为_____运行，也可作_____运行。

3. 直流电动机主要由_____、_____、_____等组成。

4. 直流电动机的定子主要包括_____、_____、_____、_____等。

5. 直流电动机的电枢主要由_____、_____、_____、_____、_____等组成。

6. 直流电动机主磁极的作用是产生_____，它由_____和_____两大部分组成。

7. 直流电动机的电刷装置主要由_____、_____、_____、_____和_____等部件组成。

8. 电枢绕组的作用是产生_____和_____流过而产生电磁转矩实现机电能量转换。

9. 直流电动机按励磁方式分类，有_____和自励两种。自励的励磁方式包括_____、_____和复励等，复励又有_____和_____之分。

10. 在一台直流电动机的铭牌上，我们最关心的数据是_____、_____、_____和_____。

二、选择题

1. 直流电动机在旋转一周的过程中，某一个绕组元件（线圈）中通过的电流是（　　）。
   A. 直流电流　　　　　　　B. 交流电流　　　　　　　C. 互相抵消，正好为零

2. 在并励直流电动机中，为改善电动机换向而装设的换向极，其换向绕组（　　）。
   A. 应与主极绕组串联
   B. 应与电枢绕组串联
   C. 应由两组绕组组成，一组与电枢绕组串联，另一组与电枢绕组并联

3. 直流电动机的额定功率是指电动机在额定工况下长期运行所允许的（　　）。
   A. 从转轴上输出的机械功率

B. 输入的电功率

C. 电磁功率

4. 直流电动机铭牌上的额定电流是（　　）。

A. 额定电枢电流　　　　　　B. 额定励磁电流　　　　　　C. 电源输入电动机的电流

5. 直流电动机转子的主要部分是（　　）。

A. 电枢　　　　　　　　　　B. 主磁极　　　　　　　　　C. 换向极

6. 由于直流电动机需要换向，所以直流电动机只能做成（　　）式。

A. 电枢旋转　　　　　　　　B. 磁极旋转　　　　　　　　C. 罩极

7. 直流电动机的电枢绕组若是单叠绕组，则其并联支路数等于（　　）。

A 主磁极对数　　　　　　　B. 两条　　　　　　　　　　C. 主磁极数

8. 当直流电动机换向器的片间短路故障排除后，再用（　　）或小云母块加上胶水填补孔洞，使其硬化干燥。

A. 黄砂　　　　　　　　　　B. 碳　　　　　　　　　　　C. 云母粉

9. 直流电动机是利用（　　）的原理工作的。

A. 导线切割磁力　　　　　　B. 电流产生磁场

C. 载流导体在磁场内将受力而运动

10. 换向器在直流电动机中起（　　）的作用。

A. 整流　　　　　　　　　　B. 直流电变交流电　　　　　C. 保护电刷

11. 直流电动机的换向极绕组必须与电枢绕组（　　）。

A. 串联　　　　　　　　　　B. 并联　　　　　　　　　　C. 垂直

12. 直流电动机的电枢绕组无论是单叠绕组还是单波绕组，一个绕组元件的两条有效边之间的距离都叫做（　　）。

A. 第一节距　　　　　　　　B. 第二节距　　　　　　　　C. 合成节距

13. 直流电动机的换向器片间云母板一般采用含胶量少、密度高、厚度均匀的（　　），也称换向器云母板。

A. 柔软云母板　　　　　　　B. 塑性云母板　　　　　　　C. 硬质云母板

14. 一直流电动机电刷与换向器接触不良，需重新研磨电刷，并使其在半载下运行约（　　）。

A. 5min　　　　　　　　　　B. 15min　　　　　　　　　C. 1min

三、判断题

（　　）1. 直流电动机换向极接反会引起电枢发热。

（　　）2. 在直流电动机中，起减小电刷下面火花作用的是换向磁极绕组。

（　　）3. 直流电动机换向器进行表面修理，一般应先将电枢升温到 $60\sim70℃$，保温 $1\sim2h$ 后，拧紧换向器端面的压环螺栓，待电机冷却后，换下换向器片间云母片，而后再车光外围。

四、简答题

1. 有一台复励直流电动机，其出线盒标志已模糊不清，试问如何用简单的方法来判别电枢绕组、并励绕组和串励绕组？

2. 为什么直流电动机的定子铁心用整块钢材料制成，而转子铁心却用硅钢片叠成？

3. 换向器的作用是什么？

4. 电枢反应对直流电动机的影响。

5. 他励直流电动机在运行中，若励磁电路开路，会出现什么后果？为什么？

6. 直流电机的励磁方式有哪几种？每种励磁方式的励磁电流或励磁电压与电枢电流或电枢电压有怎样的关系？

7. 简答处理直流电动机换向器表面的灼伤或划痕的方法。

8. 电枢反应对电机运行的性能有哪些影响？

9. 电枢反应的性质由什么决定？交轴电枢反应对每极磁通量有什么影响？直轴电枢反应的性质由什么决定？

任务2 分析直流电动机基本参数

一、填空题

1. 将＿＿＿＿转变为＿＿＿＿＿的功率为电磁功率，用＿＿＿＿＿表示。
2. 铁损耗是指在电枢铁心中存在的＿＿＿＿＿＿＿＿和＿＿＿＿＿＿＿＿，用＿＿＿＿表示。
3. 直流电动机的电压平衡方程式为＿＿＿＿＿＿＿＿＿＿。

二、简答题

1. 写出直流电动机的功率平衡方程式，并说明方程式中各符号所代表的意义。式中哪几部分的数值与负载大小基本无关？

2. 直流电动机空载和负载时有哪些损耗？各由什么原因引起？发生在哪里？其大小与什么有关？在什么条件下可以认为是不变的？

三、计算题

1. 有一台 100kW 的他励电动机，$U_N = 220V$，$I_N = 517A$，$n_N = 1200r/min$，$R_t = 0.05\Omega$，空载损耗 $P_0 = 2kW$。试求：（1）电动机的效率 η；（2）电磁功率 P；（3）输出转矩 T_2。

2. 一台串励直流电动机 $U_N = 220V$，$n = 1000r/min$，$I_N = 40A$，$n_N = 1000r/min$，电枢电路电阻为 0.5 欧，假定磁路不饱和。试求：（1）当 $I_a = 20A$ 时，电动机的转速及电磁转矩？（2）如果电磁转矩保持上述值不变，而电压减低到 110V，此时电动机的转速及电流各为多少？

任务 3   分析直流电动机机械特性

一、填空题

1. 他励直流电动机的机械特性是一条过____点，且稍向____倾斜的直线，斜率为____。

2. 自然机械特性是指当_____、_____均为额定值、电枢电路不串入_____的条件下，作出的特性曲线。

3. 当改变电气参数时如变_____、或变_____、或变_____时，所得到的机械特性，称为人为机械特性。

4. 串励直流电动机可以采用_____、_____和_____的方法来获得各种人为特性。

二、选择题

1. 一台他励直流电动机带恒定负载转矩稳定运行，若其他条件不变，只是人为地在电枢电路中增加了电阻，当重新稳定运行时，其（   ）将会减小。

A. 电磁转矩   B. 电枢电流   C. 电动机的转速

2. 要改变直流电动机的转向，以下方法可行的是（   ）。

A. 改变电流的大小   B. 改变磁场的强弱   C. 改变电流方向或磁场方向

3. 直流电动机的能耗制动是指切断电源后，把电枢两端接到一只适宜的电阻上，此时电动机处于（   ）。

A. 电动机状态   B. 发电机状态   C. 惯性状态

4. 直流电动机在进行电枢反接制动时，应在电枢电路中串入一定的电阻，所串电阻阻值不同，制动的快慢也不同。若所串电阻阻值较小，则制动过程所需时间（   ）。

A. 较长   B. 较短   C. 不变

5. 串励直流电动机的机械特性，当电动机负载增大，其转速下降很多，称为（　　）特性。

A. 硬　　　　　　　　　B. 较软　　　　　　　　　C. 软

6. 串励直流电动机的机械特性是（　　）。

A. 一条直线　　　　　　B. 双曲线　　　　　　　　C. 抛物线

7. 直流电动机的机械特性是指（　　）之间的关系。

A. 端电压与输出功率　　B. 转速与电磁转矩　　　　C. 端电压与转矩及转速

8. 他励直流电动机在所带负载不变的情况下稳定运行。若此时增大电枢电路的电阻，待重新稳定运行时，电枢电流和电磁转矩（　　）。

A. 增加　　　　　　　　B. 不变　　　　　　　　　C. 减少

9. 一台直流电动机拖动一台他励直流发电机，当电动机的外电压，励磁电流不变时，增加发电机的负载，则电动机的电枢电流 I_a 和转速 n 将（　　）。

A. I_a 增大，n 降低　　B. I_a 减少，n 升高　　C. I_a 减少，n 降低。

三、计算题

有一台并励直流电动机，$P_N = 12\text{kW}$，$U_N = 220\text{V}$，$I_N = 64\text{A}$，$n_N = 685\text{r/min}$，$R_a = 0.296\Omega$。问若直接起动，起动电流约为额定电流的几倍？如果将起动电流限制为 $2.5I_N$，应与电枢串联多大的起动电阻 R_{pa}？

任务4　直流电动机的运行

一、填空题

1. 所谓直流电动机的起动，是指直流电动机接通电源后，转速由 ＿＿＿＿＿＿＿ 上升到 ＿＿＿＿＿＿＿ 的全过程。

2. 额定功率较小的电动机可采用 ＿＿＿＿＿＿＿＿＿＿＿＿＿＿＿＿＿＿＿＿＿＿ 的方法起动。

3. 减压起动方法一般只用于 ＿＿＿＿＿＿＿＿＿＿＿＿＿＿＿ 的直流电动机，其优点是 ＿＿＿＿＿＿＿＿＿＿＿，起动时消耗能量少，升速比较平稳。

4. 他励直流电动机的调速方法有 ＿＿＿＿＿＿＿＿＿ 、 ＿＿＿＿＿＿＿＿＿ ＿＿＿＿＿＿＿＿＿ 和 ＿＿＿＿＿＿＿ 。

5. 他励直流电动机的电气制动方法有 ＿＿＿＿＿＿＿＿＿ 、 ＿＿＿＿＿＿＿ 和 ＿＿＿＿＿＿＿ 等。

6. 直流电动机的反接制动分为 ＿＿＿＿＿＿＿＿＿ 、 ＿＿＿＿＿＿＿＿＿ 。转矩方向与电枢转动方向相反，使电动机迅速制动。

二、选择题

1. 并励直流电动机采用能耗制动时，切断电枢电源，同时电枢与电阻接通，并（　　），产生的电磁转矩方向与电枢转动方向相反，使电动机迅速制动。

    A. 增大励磁电流   B. 减小励磁电流   C. 保持励磁电流不变

  2. 直流电动机能耗制动的一个不足之处是不易对机械迅速制停，因为转速越慢，使制动转矩相应（   ）。

    A. 增大很快   B. 减小   C. 不变

  3. 直流电动机调速所用的斩波器主要起（   ）作用。

    A. 调电阻   B. 调电流   C. 调电压

  4. 下列直流电动机调速的方法中，能实现无级调速且能量损耗小的方法是（   ）。

    A. 直流他励发电机—直流电动机组

    B. 改变电枢电路电阻

    C. 斩波器

  5. 直流电动机用斩波器调速时，可实现（   ）。

    A. 有级调速   B. 无级调速   C. 恒定转速

  6. 引起直流电动机不能起动的主要原因是（   ）。

    A. 电源故障或电机励磁电路故障

    B. 电动机电枢电路断路或机械负荷太大

    C. A 和 B

  7. 对并励直流电动机进行调速时，随着电枢电路串联调节电阻的增大，其机械特性曲线的（   ），转速对负载变化将很敏感，稳定性变差。

    A. 斜率减小，特性变硬   B. 斜率增大，特性变硬   C. 斜率增大，特性变软

  8. 他励直流电动机采用调压调速时，电动机的转速是在（   ）额定转速范围内调整。

    A. 小于   B. 大于   C. 等于

  9. 若使他励直流电动机转速降低，应使电枢电路中附加电阻的阻值（   ）。

    A. 变大   B. 不变   C. 变小

  10. 直流电动机调电阻调速，是在（   ）中进行的。

    A. 控制电路   B. 电枢电路   C. 励磁电路

三、判断题

  （   ）1. 电动机不能直接实现回馈制动。

  （   ）2. 电动机基本上是一种恒速电动机，能较方便地进行调速；而串励电动机的特点是起动转矩和过载能力较大，且转速随着负载的变化而显著变化。

  （   ）3. 他励直流电动机若采用弱磁调速，其理想空载转速将不变，而其机械特性的硬度将增加。

  （   ）4. 直流电动机调磁调速是在电枢电路中进行调节的。

四、简答题

  1. 直流电动机如何实现反转的？

2. 直流电动机的起动方法有哪几种？

3. 电动机有哪些调速方法？并指出实际中常用的调速方法？

任务5　认识直流发电机

一、选择题

1. 发电机的基本工作原理是（　　）。

A. 电磁感应　　　　　　　B. 电流的磁效应　　　　　　C. 电流的热效应

2. （　　）发电机虽有可以自励的优点，但它的外特性差。

A. 并励　　　　　　　　　B. 串励　　　　　　　　　　C. 他励

3. 若并励直流发电机不能建立电压，其原因可能是（　　）。

A. 发电机没有剩磁　　　　B. 励磁绕组短路、开路　　　C. 发电机电刷位置错误

二、简答题

1. 一台并励发电机，在额定转速下，将磁场调节电阻放在某位置时，发电机能自励。后来原动机转速降低了，磁场调节电阻不变，发电机不能自励，为什么？

2. 并励发电机正转能自励，那么反转能自励吗？

任务6 推导直流发电机基本方程式

一、简答题

直流发电机的感应电动势与哪些因素有关？若一台直流发电机在额定转速下的空载电动势为230V（等于额定电压），试问在下列情况下电动势变为多少？

（1）磁通减少10%；（2）励磁电流减少10%；（3）转速增加20%；（4）磁通减少10%。

二、计算题

一台4极、82kW、230V、971r/min的他励直流发电机，如果每极的合成磁通等于空载额定转速下具有额定电压时每极磁通，试求当发电机输出额定电流时的电磁转矩。

项目 2 变 压 器

任务 1 认识变压器

一、填空题

1. 变压器是利用_____原理来改变交流电压的装置。

2. 按铁心不同，变压器分为_____变压器和_____变压器。

3. 变压器主要有_____和_____两大部分组成。_____是变压器磁路的主体，_____是变压器的电路部分，作为电流的载体，_____可以产生磁通和感应电动势。

4. _____式变压器的一、二次绕组套装在铁心的两个铁心柱上，结构比较简单，有较多的空间装设绝缘，装配较容易，且用铁量较少，适用于容量_____、电压_____的变压器，电力变压器多采用_____结构。

5. _____式变压器的铁心包围着上下和侧面，它的机械强度较好，铁心容易散热，但是用铁量较多，制造较为复杂，_____变压器多采用这种结构型式。

二、选择题

1. 变压器的铁心由（   ）部分组成。

A. 铁心柱和框架　　　　　B. 铁心柱和铁轭　　　　　C. 铁轭和空隙

2. 变压器主要由（   ）两大部分组成。

A. 铁心和绕组　　　　　　B. 铁轭和线圈　　　　　　C. 硅钢片和绕组

任务 2 变压器基本工作原理分析

一、填空题

1. 变压器接交流电源的绕组称为_____绕组，其匝数用_____表示，接负载的绕组称为_____绕组，其匝数用_____表示。

2. 变压器的一次绕组接额定交流电源，二次绕组开路，这种运行方式称为变压器的_____运行。

3. 主磁通在一次绕组中产生的_____与主磁通在二次绕组中产生的_____的比值，称为变压器的变压比。

4. 实际变压器中，存在磁滞损耗和涡流损耗，二者合称为____损耗；一般认为_____电流提供铁损耗所需要的有功功率。

5. 变压器一次绕组接在电源上，二次绕组与负载连接时的运行状态，称为变压器的_____运行。

6. 在电子设备中，负载若要获得最大输出功率，必须满足负载电阻与电源内阻_____，这就叫做阻抗匹配，_____具有阻抗变换作用。

二、选择题

1. 变压器负载运行时,一次电压的相位超前于铁心中主磁通的相位略大于( )。

A. 180°　　　　　　　　　B. 90°　　　　　　　　　C. 60°

2. 变压器空载运行时的损耗主要是( )。

A. 无电能损耗　　　　　　B. 铁损　　　　　　　　C. 铜损

三、判断题

( ) 1. 变压器绕组匝数少的,一侧电流较小、一次电压较低。

( ) 2. 变压器的二次绕组开路,一次绕组加额定电压时流过的电流称为负载电流。

( ) 3. 变压器的变比等于一、二次绕组的感应电动势之比。

( ) 4. 适当选择变压器的匝数比,把它接在电源与负载之间,就可以实现阻抗匹配,从而在负载上可以得到较大的功率输出。

( ) 5. 实际运行的变压器空载时,空载电流 i_0 不仅要建立主磁通和漏磁通,同时也提供了铁损耗和绕组铜损耗所需的电流。

任务3　分析变压器的外特性

一、填空题

1. 变压器的二次侧输出电压与输出电流的关系称为变压器的_____。

2. 当变压器的负载为纯_____时,输出电压具有微微下降的外特性;当负载为纯_____时,变压器二次绕组的输出电压降低较快;当负载为纯_____时,输出电压具有微微上升的外特性。

3. _____是变压器的主要性能指标之一,在一定程度上反映了供电的质量。

4. 变压器在传输电能的过程中,存在着两种基本的损耗,即_____和_____,分别用_____和_____表示。

5. 当电源电压不变时,_____损耗基本恒定,可以看作一个常数。当电流流过变压器绕组时,会产生热量,消耗电能,即产生_____损耗。

二、判断题

( ) 1. 用数学分析方法可证明:变压器的两种损耗相等时变压器的效率最高。

( ) 2. 变压器在运行中,总损耗随负载的变化而变化,但是其铜耗是不变的,而铁耗是变化的。

( ) 3. 变压器的铁心是变压器的电路部分。

( ) 4. 我们可以说变压器是一种静止的电气设备,在能量传输过程中没有机械损耗,效率很高。

任务4　认识单相变压器绕组的极性

一、填空题

1. 变压器绕组的极性是指变压器一、二次绕组在同一磁通作用下产生的

_____ 的相位关系，通常用_____标记。

2. 在任何一个瞬间，两绕组中同时具有相同电动势极性（如正极性）的线圈端子就叫做_____端。

3. 单相变压器绕组的连接主要有绕组_____联和绕组_____联两种形式。

4. 串联有_____串联和_____串联两种形式，并联也有两种形式，即_____并联和_____并联。

二、判断题

（　　）1. 正向串联也就是首尾相连，总的电动势等于两个绕组的电动势之和，电动势越串越大。

（　　）2. 反向串联也就是尾尾相连，或者首首相连，总的电动势等于两个绕组的电动势之差。

（　　）3. 反极性并联，两个绕组电路内部的环流将很大，这种接法是不允许出现的，使用中应该注意避免。

（　　）4. 一台单相变压器独立运行时，它的极性对运行的影响非常重要。

任务5　认识三相变压器

一、填空题

1. 三相变压器按照磁路系统可以分为_____和_____。

2. 三相组合式变压器是由三台单相变压器按一定连接方式组合而成的，其特点是_____。

3. 变压器铁心必须接地，以防_____或_____，而且铁心只能_____，以免形成闭合回路，产生_____。

4. 三相绕组之间首尾端判别的准则是_____对称，三相总磁通为____。

5. 气体继电器装在_____与_____之间的管道中，当变压器发生故障时，气体继电器就会过热而使油分解产生气体。

6. 绝缘套管穿过_____，将油箱中变压器绕组的_____从箱内引到箱外与_____相连接。

7. 绝缘套管由外部的_____和中间的_____组成。对它的要求主要是_____和_____要好。

二、选择题

1. 油浸式变压器中的油能使变压器（　　）。

A. 润滑　　　　　　　　　B. 冷却　　　　　　　　　C. 冷却和增加绝缘性能

2. 常用的无励磁调压分接开关的调节范围为额定输出电压的（　　）。

A. ±10%　　　　　　　　　B. ±5%　　　　　　　　　C. ±15%

3. 安全气道又称防爆管，用于避免油箱爆炸引起的更大危害。在全密封变压器中，广泛采用（　　）作保护。

A. 压力释放阀　　　　　　　B. 防爆玻璃　　　　　　　　C. 密封圈

三、判断题

（　　）1. 三相心式变压器的铁心必须接地，且只能有一点接地。

（　　）2. 储油柜主要用于保护铁心和绕组不受潮，还有绝缘和散热的作用。

（　　）3. 三相心式变压器是三相共用一个铁心的变压器。

（　　）4. 气体继电器一般装在油箱和储油柜之间的管道中，通过改变一次侧线圈匝数来调节输出电压。

四、简答题

1. 叙述三相组式和三相心式变压器的结构特点。

2. 结合所学知识，分析变压器铁心若多点接地，铁心中产生的环流对变压器运行有何影响。

任务6　三相变压器绕组的连接及并联运行

一、填空题

1. 变压器的一、二次绕组，根据不同的需要可以有_____和_____两种接法。

2. 所谓三相绕组的星形联结，是指把三相绕组的尾端连在一起，接成_____，三相绕组的首端分别_____的连接方式。

3. 三相变压器一次侧采用星形联结时，如果一相绕组接反，则3个铁心柱中的磁通将会_____，这时变压器的空载电流也将_____。

4. 三角形联结是把各相_____相连构成一个闭合回路，把_____接到电源上去。因首、尾连接顺序不同，可分为_____和_____两种接法。

5. 联结组标号为 Y, d3 的三相变压器，其一次侧为____联结，二次侧为____联结，一次侧线电压超前二次侧边线电压____电角度。

6. 将联结组标号为 Y, d1 的三相变压器二次绕组的同名端换成另一端，则其联结组标号变为_____。

7. 为了满足机器设备对电力的要求，许多变电所和用户都采用几台变压器并联供电来提高_____。

8. 变压器并联运行的条件有三个：一是_____；二是_____；三是_____。否则，不但会增加变压器的能耗，还有可能发生事故。

二、选择题（将正确答案的序号填入括号内）

1. Y，y 联结的三相变压器，若二次侧 W 相绕组接反，则二次侧三个线电压之间的关系为（　　）。

A. $U_{VW} = U_{WU} = 1/\sqrt{3}\, U_{UV}$　　　B. $U_{VW} = U_{WU} = \sqrt{3}\, U_{UV}$　　　C. $U_{VW} = U_{UV} = 1/\sqrt{3}\, U_{WU}$

2. 将联结组标号为 Y，y8 的变压器每相二次绕组的首、尾端标志互相调换，重新连接成星形联结，则其联结组标号为（　　）。

A. Y，y10　　　　　　　　B. Y，y2　　　　　　　　C. Y，y6

3. 一台 Y，d11 联结组标号的变压器，若每相一次绕组和二次绕组的匝数比均为 $\sqrt{3}/4$，则一、二次侧额定电流之比为（　　）。

A. $\sqrt{3}/4$　　　　　　　　B. 3/4　　　　　　　　C. 4/3

4. 一台 Y，d11 联结组标号的变压器，改接为 Y，y12 联结组标号后，其输出电压、电流及功率与原来相比，（　　）。

A. 电压不变，电流减小，功率减小

B. 电压降低，电流增大，功率不变

C. 电压升高，电流减小，功率不变

5. Y，d 联结组标号的变压器，若一、二次绕组的额定电压为 220kV/110kV，则该变压器一、二次绕组的匝数比为（　　）。

A. 2∶1　　　　　　　　B. 2∶$\sqrt{3}$　　　　　　　　C. $2\sqrt{3}$∶1

6. 一台 Y，y12 联结组标号的变压器，若改接并标定为 Y，d11 联结组标号，则当一次侧仍施加原来的额定电压，而二次侧仍输出原来的额定功率时，其二次侧相电流将是原来额定电流的（　　）倍。

A. 1/3　　　　　　　　B. $1/\sqrt{3}$　　　　　　　　C. $\sqrt{3}$

三、判断题

（　　）1. 三角形联结优于星形联结是因为它可以有两个电压输出。

（　　）2. 变压器二次侧采用三角形联结时，如果有一相绕组接反，将会使三相绕组感应电动势的相量和为零。

（　　）3. Y，y8 联结组标号的变压器，其一次绕组和二次绕组对应的相电压相位差为 240°。

（　　）4. 将联结组标号为 Y，y0 的三相变压器二次侧出线端标志由 $2U_1$、$2V_1$、$2W_1$ 依次改为 $2W_1$、$2U_1$、$2V_1$，则其联结组标号变为 Y，y4。

（　　）5. 只要保证绕组的同名端不变，其联结组标号就不变。

（　　）6. Y，yn0 联结组标号不能用于三相组合式变压器，只能用于三相心式变压器。

（　　）7. 当负载随昼夜、季节而波动时，可根据需要将某些变压器解列或并联以提高运行效率，减少不必要的损耗。

（　　）8. 变压器并联运行接线时，既要注意变压器并联运行的条件，又要考虑实际情况与维护、检修的方便。

（　　）9. 变压器并联运行时联结组标号不同，但只要二次电压大小一样，那么它们并联后就不会因存在内部电动势差而导致产生环流。

四、简答题

1. 什么是变压器绕组的星形联结？它有什么优缺点？

2. 如何判断二次侧星形联结和三角形联结是否接错？

3. 二次侧为星形联结的变压器，空载测得三个线电压为 $U_{UV}=400V$，$U_{WU}=230V$，$U_{VW}=230V$，请作图说明是哪相接反了。

4. 二次侧为三角形联结的变压器，测得三角形的开口电压为二次侧相电压的 2 倍，请作图说明是什么原因造成的。

5. 变压器并联运行没有环流的条件是什么？

15

五、计算题

一台三相变压器，额定容量 $S_N = 400 \text{kV} \cdot \text{A}$，一、二次侧额定电压 $U_{1N}/U_{2N} = 10 \text{kV}/0.4 \text{kV}$，一次绕组为星形联结，二次绕组为三角形联结。试求：（1）一、二次侧额定电流；（2）在额定工作情况下，一、二次绕组实际流过的电流；（3）已知一次侧每相绕组的匝数是 150 匝，问二次侧每相绕组的匝数应为多少？

任务7 认识自耦变压器

一、填空题

1. 三相自耦变压器一般接成_____。

2. 自耦变压器的一次侧和二次侧既有____的联系，又有____的联系。

3. 自耦变压器在 K 接近 1 时的优点是 _____
_____。

4. 三相自耦变压器中性点必须_____。

二、选择题（将正确答案的序号填入括号内）

1. 将自耦变压器输入端的相线和零线反接，（   ）。

A. 对自耦变压器没有任何影响

B. 能起到安全隔离的作用

C. 会使输出零线成为高电位而使操作有危险

2. 自耦变压器的功率传递主要是（   ）。

A. 电磁感应   B. 电路直接传导   C. 两者都有

3. 自耦变压器接电源之前应把自耦变压器的手柄位置调到（   ）。

A. 最大值   B. 中间   C. 零

三、判断题

（   ）1. 自耦变压器绕组公共部分的电流，在数值上等于一、二次电流数值之和。

（   ）2. 自耦变压器既可作为降压变压器使用，又可作为升压变压器使用。

（   ）3. 自耦变压器一次侧从电源吸取的电功率，除一小部分损耗在内部外，其余的全部经一、二次侧之间的电磁感应传递到负载上。

（   ）4. 在自耦调压实验中，接通电源前，应先将调压器调压旋钮调至最小。

（   ）5. 自耦变压器的变压比越大，其优越性越明显。

（   ）6. 大功率的异步电动机减压起动，也可采用自耦变压器降压，以减小起动电流。

四、计算题

一台单相自耦变压器的相关数据为一次电压 $U_1 = 220 \text{V}$，二次电压 $U_2 = 200 \text{V}$，负载电流

$I_2 = 40\text{A}$。试求自耦变压器各部分绕组的电流。

任务8 认识仪用互感器

一、填空题

1. 一般仪用互感器分为电压互感器和电流互感器两种,把高电压变成低电压的,就是_____;把大电流变成小电流的,就是_____。

2. 电流互感器一次绕组的匝数很少,要_____接入被测电路;电压互感器一次绕组的匝数较多,要_____接入被测电路。

3. 用电流比为200A/5A的电流互感器与量程为5A的电流表测量电流,电流表读数为4.2A,则被测电流是____A。若被测电流为180A,则电流表的读数应为____A。

4. 电流互感器二次侧严禁_____运行;电压互感器二次侧严禁_____运行。

5. 电压互感器的原理与普通_____变压器是完全一样的,不同的是它的_____更准。

6. 为确保工作人员安全,电压互感器的二次绕组以及铁心应_____。

二、选择题

1. 如果不断电拆装电流互感器二次侧的仪表,则必须( )。
   A. 先将一次侧断开   B. 先将一次侧短接   C. 直接拆装

2. 电流互感器二次电路所接仪表或继电器,必须( )。
   A. 串联   B. 并联   C. 混联

3. 电压互感器二次电路所接仪表或继电器,必须( )。
   A. 串联   B. 并联   C. 混联

4. 电流互感器二次电路所接仪表或继电器线圈的阻抗必须( )。
   A. 高   B. 低   C. 高或者低

5. 决定电流互感器一次电流大小的因素是( )。
   A. 二次电流   B. 二次侧所接负载   C. 被测电路

6. 电流互感器二次侧开路运行的后果是( )。
   A. 二次电压为0
   B. 二次侧产生危险高压
   C. 二次电流为0,促使一次电流近似为0

三、判断题

( ) 1. 利用互感器使测量仪表与高电压、大电流隔离,从而保证仪表和人身的安全,又可大大减少测量中能量的损耗,扩大仪表量程,便于仪表的标准化。

( ) 2. 应根据测量准确度和电流要求来选用电流互感器。

( ) 3. 与普通变压器一样,当电压互感器二次侧短路时,将会产生很大的短路电流。

（　　）4. 为了防止短路造成危害，在电流互感器和电压互感器二次侧电路中都必须装设熔断器。

（　　）5. 电压互感器的一次侧接高电压，二次侧接电压表或其他仪表的电压线圈。

（　　）6. 电流互感器的变流比，等于二次侧匝数与一次侧匝数之比。

（　　）7. 互感器既可以用于交流电路，又可以用于直流电路。

（　　）8. 电流互感器运行中二次侧不得开路，否则会产生高压，危及仪表和人身安全，因此二次侧应接熔断器作为保护。

四、简答题

1. 电流互感器工作在什么状态？为什么严禁电流互感器二次侧开路？为什么二次侧和铁心要接地？

2. 使用电压互感器时应注意哪些事项？

任务9　认识电焊变压器

一、填空题

1. 电焊变压器具有＿＿＿＿＿＿＿＿，即当负载电流增大时，二次侧输出电压应急剧下降。

2. 由于焊接加工属于电加热性质，所以电焊变压器的负载功率因数基本都相同，$\cos\varphi_2 \approx$＿＿＿。

3. 外加电抗器式电焊变压器是一台降压变压器，其二次侧输出端串联有一台＿＿＿＿电抗器。它主要是通过改变电抗器的＿＿＿＿大小来实现输出电流的调节。

4. 磁分路动铁式电焊变压器在铁心的两柱中间装有一个活动的＿＿＿＿＿＿。改变二次绕组的接法即可达到改变匝数和改变＿＿＿＿的目的。

5. 动圈式电焊变压器的一次绕组和二次绕组越近，耦合就越紧，漏抗就＿＿＿，输出电压就高，下降陡度就小，输出电流大；反之，电流就＿＿＿。

二、选择题（将正确答案的序号填入括号内）

1. 下列关于电焊变压器性能的几种说法，正确的是（　　）。

A. 二次侧输出电压较稳定，焊接电流也稳定

B. 空载时二次电压很低，短路电流不大，焊接时二次电压为零

C. 二次电压空载时较大，焊接时较低，短路电流不大

2. 要将带电抗器的电焊变压器的焊接电流调大，应将其电抗器铁心气隙（　　）。

A. 调大 B. 调小 C. 不变

3. 磁分路动铁式电焊变压器二次侧接法一定，其焊接电流最大时，动铁心的位置位于（　　）。

A. 最内侧 B. 最外侧 C. 中间

4. 将动圈式电焊变压器一、二次侧的距离调大时，输出电流将（　　）

A. 变大 B. 变小 C. 不变

三、判断题

（　　）1. 电焊变压器具有较大的漏抗。

（　　）2. 电焊变压器的输出电压随负载电流的增大而略有增大。

（　　）3. 动圈式电焊变压器改变漏磁的方式是通过改变一、二次绕组的相对位置而实现的。

（　　）4. 为避免损坏电焊机，短路电流 I_K 不能太大。

四、简答题

1. 电焊变压器应满足哪些条件？

2. 动圈式电焊变压器是如何调节电流的？它在性能上有哪些优缺点？

项目3 交流电机

任务1 认识交流电动机

一、填空题

1. 交流电机按其功能不同可分为_____和_____。

2. 电动机是一种能实现_____能与_____能之间互相转换的一种装置或设备，按其所需电源不同，可分为_____和_____两种；按其功能分，可分为_____电动机和_____电动机。

3. 三相笼型异步电动机广泛地应用在_____，作为_____。

二、选择题

1. 开启式电动机适用于（　　）的工作环境。

A. 清洁、干燥

B. 灰尘多、潮湿、易受风雨

C. 有易燃、易爆气体

2. 带冲击性负载的机械宜选用（　　）异步电动机。

A. 普通笼型　　　　　B. 高起动转矩笼型　　　　　C. 多速笼型

3. 转速不随负载变化的是（　　）电动机。

A. 异步　　　　　　　B. 同步　　　　　　　　　　C. 异步或同步

4. 能用转子串电阻调速的是（　　）异步电动机。

A. 普通笼型　　　　　B. 绕线　　　　　　　　　　C. 多速笼型

5. 适用于有易燃、易爆气体工作环境的是（　　）电动机。

A. 防爆式　　　　　　B. 防护式　　　　　　　　　C. 开启式

三、问答题

试述交流电动机有哪些优缺点。

任务2 认识三相异步电动机

一、填空题

1. 三相异步电动机主要由_____和_____两大部分组成，它们之间的气隙一般为_____到_____mm；此外还有_____、_____、_____和_____等其他附件。

2. 定子是用来产生 _____ 的。三相异步电动机的定子一般由 _____、
_____、_____等部分组成。

3. 三相交流异步电动机定子铁心的作用是作为_____的一部分，并在铁心槽内
放置_____；定子绕组的线圈由_____绕制，是三相电动机
的_____部分。

4. 三相交流异步电动机的转子铁心用_____叠压而成；转子绕组的作用是
产生_____而使转子转动。

二、选择题

1. 一般中小型异步电动机定子与转子间的气隙为（　　　）。

A. 0.2~1mm　　　　　　　　B. 1~2mm　　　　　　　　C. 2~2.5mm

2. 三相交流异步电动机的定子铁心及转子铁心均采用硅钢片叠压而成，其原因是
（　　　）。

A. 减少铁心中能量损耗　　　B. 允许电流流过　　　C. 增强导磁能力

三、判断题

（　　　）1. 三相异步电动机的定子是用来产生旋转磁场的。

（　　　）2. 三相异步电动机的转子铁心可以用整块铸铁来制成。

（　　　）3. 三相定子绕组在空间上互差120°电角度。

四、简答题

1. 三相笼型异步电动机主要由哪些部分组成？各部分的作用是什么？

2. 三相异步电动机的定子绕组在结构上有什么要求？

3. 常用的笼型转子有哪两种？为什么笼型转子的导电条都作成斜的？

任务3 三相异步电动机工作原理分析

一、填空题

1. 产生旋转磁场的必要条件是在三相对称_____ 中通入_____。

2. 旋转磁场的转向是由接入三相绕组中电流的_____决定的，改变电动机任意两相绕组所接的电源接线（相序），旋转磁场即_____。

3. 三相定子绕组中产生的旋转磁场的转速 n_0 与____成正比，与____反比。

4. 三相交流异步电动机转子的转速总是_____旋转磁场的转速，因此称为异步电动机。

5. 当三相交流异步电动机的转差率 $s=1$ 时，电动机处于_____ 状态时。在额定负载时，s 为____ ~ ____。

二、选择题

1. 三相旋转磁场产生的条件之一是三相绕组要对称分布，它们之间的电角度互差（ ）。

   A. 180°   B. 120°   C. 100°

2. 某台进口的三相异步电动机额定频率为 60Hz，现工作于 50Hz 的交流电源上，则电动机的额定转速将（ ）。

   A. 有所提高   B. 相应降低   C. 保持不变

3. 三相交流电动机在运行时，若转子突然卡住不能转动，这时电动机的电流将会（ ）。

   A. 大大增加   B. 明显下降   C. 不变

4. 转差率对转子电路有很大的影响，下列说法中错误的是（ ）。

   A. 转子电路中的感应电动势的频率与转差率成正比

   B. 转子电路中的感应电动势的大小与转差率成正比

   C. 转子电路中的功率因数的大小与转差率成正比

5. 三相交流异步电动机要保持稳定运行，则其转差率 s 应该（ ）。

   A. 小于临界转差率   B. 等于临界转差率   C. 大于临界转差率

三、判断题

（ ）1. "异步"是指三相异步电动机的转速与旋转磁场的转速有差值。

（ ）2. 三相异步电动机没有转差也能转动。

（ ）3. 不能将三相异步电动机的最大转矩确定为额定转矩。

（ ）4. 电动机工作在额定状态时，铁心中的磁通处于临界饱和状态。

（ ）5. 旋转磁场的转速与电源电压有关。

（ ）6. 旋转磁场的转速与电源的频率和磁极对数有关。

（ ）7. 转子转速越高，转差率越大；转子转速越低，转差率越小。

（ ）8. 异步电动机转速最大时，转子导体切割磁力线的速度最大，感应电流和电磁转矩最大。

四、简答题

1. 什么叫旋转磁场？旋转磁场产生的条件有哪些？如何改变旋转磁场的方向？

2. 改变旋转磁场旋转速度的方法有哪几种？

3. 什么叫异步电动机的转差率？转差率与电动机的转速之间有什么关系？

4. 简述三相异步电动机的工作原理。

5. 通过转差率分析总结电动机有几种工作状态。

五、计算题

1. Y-160M-2 型三相异步电动机的额定转速 $n_N = 2930r/min$，$f = 50Hz$，$2p = 2$，求转差率。

2. 电源频率为 $f_N = 50Hz$，额定转差率为 $s = 0.04$，分别求二极、四极、六极异步电动机的同步转速和电动机的额定转速。

任务4　三相异步电动机的特性分析

一、填空题

1. 三相电动机定子绕组的连接方法有_____和_____两种。

2. 工作制是指三相电动机的运转状态，即允许连续使用的时间，分为_____、_____和_____三种。

3. 异步电动机的电磁转矩的计算公式是_____；电磁转矩与_____的平方成正比，_____的变化将显著地影响电动机的输出转矩。

4. 功率相同的电动机，磁极数越多，则转速越____，输出转矩越____。

5. 定子和转子的损耗包括_____和____损耗，它与定子上所加的_____成正比。

6. 异步电动机的最大转矩与_____成正比，而与_____无关。异步电动机的最大转差率 s_m 与转子电路电阻 R_2 的大小_____。

7. 异步电动机的额定转矩不能太接近_____，以使电动机有一定的_____。电动机的过载系数是指_____和_____之比。过载系数通常为_____。

8. 异步电动机的机械特性曲线可以分为两大部分：_____和_____。其中，随着____的增加，____相应减少，这一区域称为_____。

二、选择题

1. 某三相异步电动机的铭牌参数如下：$U_N = 380V$，$I_N = 15A$，$P_N = 7.5kW$，$n_N = 960r/min$，$f_N = 50Hz$，对这些参数理解正确的是（　　）。

A. 电动机正常运行时，三相电源的相电压为380V

B. 电动机额定运行时，每相绕组中的电流为15A

C. 电动机额定运行时，同步转速比实际转速快40r/min

2. 有A、B两台电动机，其额定功率和额定电压均相等，但A为四极电动机，B为六极电动机，则它们的额定转矩 T_A、T_B 与额定转速 n_A、n_B 的正确关系应该是（　　）。

A. $T_A < T_B$，$n_A > n_B$ 　　　B. $T_A > T_B$，$n_A < n_B$ 　　　C. $T_A = T_B$，$n_A = n_B$

三、判断题

（　　）1. 三相异步电动机的额定电压和额定电流是指电动机的输入线电压和线电流，额定功率指的是电动机轴上输出的机械功率。

（　　）2. 三相异步电动机不管其转速如何改变，定子绕组上的电压、电流的频率及转子绕组中电动势、电流的频率总是固定不变的。

（　　）3. 额定转速表示三相电动机在额定工作情况下运行时每秒钟的转数。

（　　）4. 我国规定标准电源频率（工频）为 50Hz。

四、简答题

1. 电动机的型号为 YD200L-8/6/4，试说明其含义。

2. 三相异步电动机当转子电路的电阻增大时，对电动机的起动电流、起动转矩和功率有什么影响？

五、计算题

1. 一台三角形联结的 Y132M-4 型三相异步电动机的额定数据如下：$P_N = 7.5kW$，$U_N = 380V$，$n_N = 1440r/min$，$\cos\varphi_N = 0.82$，$\eta_N = 88.2\%$。试求该电动机的额定电流和对应的相电流。

2. 两台三相异步电动机额定功率都是 $P_N = 40kW$，而额定转速分别为 2960r/min 和 1460r/min，求对应的额定转矩为多少？

3. 某三相异步电动机额定电压为 380V，额定电流为 6.5A，额定功率为 3kW，功率因数为 0.86，额定转速为 1430r/min，频率是 50Hz，求该电动机的效率、转差率、转矩和定子绕组磁极对数。

任务 5 三相异步电动机的运行

一、填空题

1. 三相异步电动机减小起动电流的方法是_____。

2. 常用的起动方法有_____减压起动、_____减压起动、_____减压起动和_____减压起动。

3. 电动机的起动是指电动机从_____开始转动,到_____为止的这一过程。

4. 异步电动机用丫-△减压起动时的电流为用△联结直接起动时的_____,起动转矩也只有直接起动时的_____,故此方法不适用于电动机_____起动。

5. 绕线异步电动机在转子串联电阻,可以减小_____,增大_____。

6. 绕线异步电动机起动方法有转子电路串联_____和串联_____种方法,前者用于_____起动,后者主要用于_____起动。

7. 异步电动机的调速方法有_____、_____、_____。

8. 三相交流异步电动机的转向取决于_____的方向,要改变电动机的转向,只要接入定子绕组的_____,即把电动机的_____互相对调。

9. 三相交流异步电动机的电气制动有_____、_____和_____3 种。

10. 在电动机能耗制动中消耗的是____能。

二、选择题

1. 下列选项中不满足三相异步电动机直接起动条件的是(   )。

A. 电动机功率在 7.5kW 以下

B. 满足经验公式 $\dfrac{I_{st}}{I_N} < \dfrac{3}{4} + \dfrac{S_T}{4P_N}$

C. 电动机在起动瞬间造成的电网电压波动小于 20%

2. 丫-△减压起动适用于正常运行时为(   )联结的电动机。

A. △   B. 丫   C. 丫和△

3. 一台运行时定子绕组为△联结的 13kW 的绕线异步电动机,起动时应选择的起动方法是(   )。

A. 定子绕组串联电阻   B. 自耦变压器减压起动   C. 在转子电路中串联电阻

4. 功率消耗较大的起动方法是(   )。

A. 丫-△减压起动   B. 自耦变压器减压起动   C. 定子绕组串电阻减压起动

5. 转子串电阻调速适用于(   )异步电动机。

A. 笼型   B. 绕线   C. 滑差

6. 桥式起重机上采用的绕线异步电动机为了满足起重机调速范围宽、调速平滑的要求,应采用(   )调速。

A. 调电源电压的方法

B. 转子串联频敏变阻器的方法

C. 转子串联调速电阻的方法

7. 绕线电动机转子串电阻调速属（　　）。

A. 改变转差率调速　　　　　B. 变极调速　　　　　C. 变频调速

8. 在额定恒转矩负载下运行的三相交流异步电动机，若电源电压下降，则电动机的温度将（　　）。

A. 升高　　　　　　　　　　B. 下降　　　　　　　　C. 不变

9. 三相交流异步电动机若有一相在运行中断相，这时电动机将会（　　）。

A. 马上停转

B. 继续运行，转矩不变，转速降低

C. 继续运行，但转矩会减小

10. 绕线异步电动机转子三相绕组为了串联起动变阻方便起见，一般采用（　　）。

A. △联结　　　　　　　　　B. Y联结　　　　　　　C. △联结或Y联结都可以

三、判断题

（　　）1. 异步电动机用自耦变压器起动时，电压降低，电流变大，起动转矩增大，可用于重负载的起动。

（　　）2. 用自耦降压起动器70%的抽头给三相交流异步电动机起动，减压起动电流是全压起动电流的49%，这个减压起动电流是电动机的相电流。

（　　）3. 三相交流异步电动机如带有重载，则不能用减压起动方法来起动。

（　　）4. 绕线异步电动机转子电路串联频敏变阻器起动，其频敏变阻器的特点是它的阻抗随着转子的转速的上升而自动地减小，使电动机能平稳起动。

（　　）5. 起动转矩倍数越大，说明异步电动机带负载起动的性能越好。

（　　）6. 绕线异步电动机转子绕组串联电阻起动，既可降低起动电流，又能提高起动转矩。

（　　）7. 三角形联结的三相异步电动机，若误接成星形联结，假设负载转矩不变，则电动机转速将会比三角形联结时稍有增加或大体不变。

（　　）8. 绕线电动机如果将三相转子绕组中的任意两相与起动变阻器的接线对调，则电动机将反转。

（　　）9. 绕线电动机由于其调速性能比笼型电动机好，因此在实际应用中比笼型电动机要广泛得多。

（　　）10. 反接制动由于制动时产生的冲击力比较大，应串入适当的限流电阻。但即使这样，该制动方法也只适用于功率较小的电动机。

（　　）11. 反接制动时对电动机产生的冲击小，而且不需要直流电源。

（　　）12. 能耗制动的特点是制动平稳，对电网及机械设备冲击小，而且不需要直流电源。

（　　）13. 只要供电电路允许三相电动机直接起动，就可以采用直接起动的方法来起动电动机。

四、简答题

1. 三相笼型异步电动机的起动方法分哪两大类？说明适用的范围。

2. 什么叫三相笼型异步电动机的减压起动？有哪几种减压起动方法？并分别比较它们的优缺点。

3. 三相异步电动机自耦变压器减压起动的特点是什么？适用于什么场合？

4. 三相异步电动机丫-△减压起动的特点是什么？适用于什么场合？

5. 三相笼型异步电动机有哪几种调速方法？各有哪些优缺点？

6. 三相异步电动机的制动通常有哪几种方法？分别说明其制动原理和使用场合。

五、计算题

1. Y160M-2 三相异步电动机的额定功率为 $P_N = 11kW$，额定转速 $n_N = 2930r/min$，过载系数为 $\lambda = 2.2$，起动转矩倍数为 $\lambda_{st} = 2.0$，求额定转矩 T_N、最大转矩 T_m 和起动转矩 T_{st}。

2. 某台三相异步电动机的额定功率为 $P_N = 2.8kW$，$n_N = 1430r/min$，起动转矩倍数为 $\lambda = 1.9$。当电源电压降为额定值的85%时，起动转矩 T_{st} 为多大？

任务6 认识单相异步电动机

填空题

1. 如果在单相交流异步电动机的定子铁心上仅嵌有一套绕组，那么通入单相正弦交流电时，电动机气隙中会产生_____磁场，该磁场是没有_____的，但起动后电动机就有转矩了，而且转矩的方向决定于_____。

2. 根据获得起动转矩的方式不同，单相异步电动机的结构也存在较大差距，主要分为_____和_____两大类。

任务7 认识分相式单相异步电动机

一、填空题

1. 为解决单相交流异步电动机的起动问题，通常在电动机定子上安装两套绕组，一套是_____，又称主绕组；另一套是_____，又称副绕组。它们的空间位置相差_____电角度。

2. 单相电容起动电动机在转子静止或转速较低时，起动开关处于_____位置，副绕组和主绕组一起连接在单相电源上获得_____，当电动机转速达到_____时，起动开关_____，副绕组从电源上切除。

3. 双值电容单相异步电动机的两个电容器中容量较大的是_____。两只电容_____联后与副绕组_____联。

4. 需要单相电容异步电动机反转时，可把主绕组或副绕组中任意一组的_____对调过来即可。

5. 洗衣机的拖动电动机的反转是由定时器开关改变电容量接法，使_____对调来实现正、反转交替运转的。

6. 单相异步电动机常用的调速方法有＿＿＿＿＿＿＿＿、＿＿＿＿＿＿＿＿＿和晶闸管调速三种。

二、判断题

（　　）1. 给在空间上互差90°电角度的两相绕组内通入同相位交流电流，就可产生旋转磁场。

（　　）2. 家用电风扇的电容器损坏拆除后，每次起动时拨动一下，照样可以转动起来。

（　　）3. 通过改变晶闸管的导通角调速，可以使电风扇实现无级调速。

（　　）4. 单相电容起动异步电动机起动后，当副绕组开路时，转子转速会减慢。

任务8　认识单相罩极式异步电动机

一、填空题

1. 根据定子外形结构的不同，将罩极式电动机又分为＿＿＿＿＿和＿＿＿＿＿两大类。

2. 罩极电动机的主要优点是＿＿＿＿＿＿、＿＿＿＿＿＿＿、成本低、运行时噪声小、维护方便等。

二、判断题

（　　）1. 罩极式电动机的转向总是由未罩部分转向被罩部分的。

（　　）2. 要想改变罩极式异步电动机的转向，只要改变电源接线即可。

任务9　认识三相同步发电机

一、填空题

1. 同步发电机的"同步"是指＿＿＿＿＿＿＿和＿＿＿＿＿＿＿相等，同步发电机的主要运行方式主要有三种，即作为＿＿＿＿＿、＿＿＿＿＿和补偿机运行。

2. 同步发电机定子绕组感应电动势的频率取决于它的＿＿＿＿＿＿＿和＿＿＿＿＿＿＿。

3. 转速高的旋转式同步发电机，转子圆周线速度大，应采用＿＿＿＿＿转子。

4. 汽轮发电机磁极对数 $p=1$，我国交流电频率为50Hz，汽轮发电机的转速应为＿＿＿＿＿＿。

5. 把同步发电机＿＿＿＿＿＿＿＿＿的过程称为投入并列，或称为＿＿＿＿＿。同步发电机与电网并联合闸时必须满足一定的条件，其中＿＿＿＿＿＿＿是绝对条件，其他条件都是相对的。

二、判断题

（　　）1. 三相同步电机的主要用途是发电。

（　　）2. 我国交流电的频率为50Hz，因而我国同步发电机的转速只有 3000r/min、1500r/min、1000r/min、750r/min 等若干固定的转速等级，而不能有其他任意转速。

（　　）3. 满足发电机电压和电网电压有效值、极性和相位、相序相同，就可以将发电机与电网并联运行。

任务 10　认识三相同步电动机

填空题

1. 同步电动机转子磁场超前定子磁场 θ 时，电动机处于_____运行状态，转子磁场滞后定子磁场 θ 时，电动机工作在_____状态。

2. 同步电动机发生失步现象时，_____很大，应_____，以免损坏电动机。

3. 同步电动机一般采用的起动方法有_____、_____和_____等。

项目4 特种电机

任务1 认识伺服电动机

一、填空题

1. 伺服电动机的特点是在无信号时，转子_____；有信号后，转子_____；当信号消失，转子能即时自行_____。

2. 交流伺服电动机转子有_____型转子和_____型转子两种。

3. 直流伺服电动机实质上是一台他励式直流电动机。根据结构的不同可分为_____式和_____式。

4. 杯型电枢永磁直流伺服电动机广泛应用于计算机外围设备，_____设备，办公设备、_____、电影摄像机和_____等。

二、选择题

1. 交流伺服电动机的笼型转子导体电阻（   ）。

A. 与三相笼型异步电动机一样

B. 比三相笼型异步电动机大

C. 比三相笼型异步电动机小

2. 空心杯型非磁性转子交流伺服电动机，当只给励磁绕组通入励磁电流时，产生的磁场为（   ）磁场。

A. 脉动   B. 旋转   C. 恒定

3. 空心杯型电枢直流伺服电动机有一个外定子和（   ）个内定子。

A. 1   B. 2   C. 3

4. 交流伺服电动机的转子导体采用电阻率较高的材料制成，使机械特性变软，其转矩与控制电压成（   ），转速随转矩的增加而近似线性下降，从而提高了电动机的灵敏度。

A. 正比   B. 反比   C. 恒定

三、判断题

（   ）1. 交流伺服电动机因为励磁绕组的导线较粗，所以匝数相对较少，则阻值较小。

（   ）2. 交流伺服电动机的实际接线中，控制绕组两个出线端对地电阻，阻值不为"零"的为接地端（G端）。

（   ）3. 交流伺服电动机和伺服驱动器的功率和电压一定要匹配。

（   ）4. 直流伺服电动机定子绕组判别时，用万用表欧姆×10或×100挡分别测量电动机的四个出线端，应有两组相通。

四、简答题

1. 简述交流伺服电动机的构造和原理。

2. 简述直流伺服电动机的通电试验。

任务2　认识测速发电机

一、填空题

1. 测速发电机分为直流测速发电机和交流测速发电机_____大类，近年还有采用新原理、新结构研制成的_____测速发电机。

2. 交流测速发电机分为_____测速发电机和_____测速发电机。

3. 自控系统中常用测速的方法，是将测速发电机的_____与待测设备_____相连。

二、选择题

1. 异步测速发电机的输出电动势 E_2，或输出电压 U_2。其频率为 f 与转子转速 n 大小（　　）。

A. 无关　　　　　　　　　B. 有关　　　　　　　　　C. 无法确定

2. 测速发电机按励磁方式分为（　　）种。

A. 2　　　　　　　　　　　B. 3　　　　　　　　　　　C. 4

3. 直流测速发电机电枢绕组的电势大小与转速（　　）。

A. 成正比关系　　　　　　B. 成反比关系　　　　　　C. 无关

4. 测速发电机有两套绕组，其输出绕组与（　　）相连接。

A. 电压信号　　　　　　　B. 短路导线　　　　　　　C. 高阻抗仪表

三、判断题

（　　）1. 直流测速发电机的工作原理与一般直流发电机的相同。

（　　）2. 从测速发电机输出电流的变化，可以反映出速度的变化，从而达到测速的目的。

（　　）3. 异步测速发电机的定子上有两个空间上互差90°电角度的绕组。

（　　）4. 空心杯型转子异步测速发电机主要应用在计算、解算装置中作为微分、积分元件。

四、简答题

1. 简述自动控制系统对测速发电机的要求。

2. 直流测速发电机的实际接线中，各项绕组如何判别。

任务3　认识步进电动机

一、填空题

1. 步进电动机是一种把_____信号变换成_____位移或____位移的执行元件。

2. 反应式步进电动机控制绕组的通电方式有"三相____拍"、"_____拍"、"单、_____拍"等。

二、选择题

1. 有个三相六极转子上有40齿的步进电动机，采用单三拍供电，则电动机的步距角为（　　）。

A. 3°　　　　　　　　　　B. 6°　　　　　　　　　　C. 9°

2. 反应式步进电动机的转速与脉冲频率的关系是（　　）。

A. 任意比例　　　　　　　B. 不成比例　　　　　　　C. 成反比

3. 反应式步进电动机的步距角 θ 的大小与运行拍数 m 的关系（　　）。

A. 成正比　　　　　　　　B. 成反比　　　　　　　　C. 不成比例

三、判断题

（　　）1. 反应式步进电动机控制绕组的通电方式中"单"是指每次只一相控制绕组通电。

（　　）2. 反应式步进电动机单、双六拍通电方式时，转子转过的步距角为15°。

（　　）3. 步进电动机受脉冲信号控制，它的直线位移或角位移量应与脉冲数成正比，其线性速度或转速与脉冲频率成正比。

四、简答题

1. 简述反应式步进电动机的结构与特点。

2. 简述步进电动机严重发热故障产生的原因和检修方法。

任务4 认识直线电动机

填空题

1. 直线电动机就是一种能将电能直接转换成_____的机械能，而不需要任何_____转换机构的传动装置。

2. 直线电动机具有_____、加减速过程短，以及在导轨上通过串联直线电动机，就可以无限延长其_____的特点。

3. 直线电动机主要应用于三个方面：一是应用于_____系统，这类应用场合比较多；其次是作为长期连续运行的_____；三是应用在需要短时间、短距离内提供巨大的_____运动能的装置中。

1）用内六角扳手松开刷握螺母。

2）用螺钉旋具对准螺钉十字口，均匀松动。

3）用拉钩钩住弹簧往后拉，并取出电刷。

4）取下磨损的电刷。

5）用拉钩钩住弹簧往后拉，放入电刷。

6）紧固刷握螺母。

7）用手转动电动机。用手抓住电动机轴头，均匀转动，看电动机是否有卡点和杂音。

8）安装百叶窗。

2. 减小直流电动机的电枢反应的方法之二（调整电刷位置）

1）起动电动机，观察电刷与换向器之间产生火花的大小和颜色。

2）用工具松开刷架。

3）根据电刷与换向器之间产生火花的大小合理调整电刷位置。

4）固定刷架，重新起动电机，观察火花大小和颜色。

5）重复以上步骤，直至火花大小和颜色符合要求为止。

提示

当电刷边缘仅小部分有微弱的点状火花或有非放电性的红色小火花时，即为符合要求。

检查评议

减小直流电动机的电枢反应检查评议见表1-8。

表1-8　减小直流电动机的电枢反应检查评议

班级			姓名		学号		分数		
序号	主要内容	考核要求		评分标准			配分	扣分	得分
1	实训准备	1. 工具、材料、仪表准备完好 2. 穿戴劳保用品		1. 工具、材料、仪表未准备完好，一项扣5分 2. 未穿戴劳保用品，扣10分			20		
2	实训内容	通过更换电刷来减少直流电动机电枢反应		1. 不能正确使用工具的，扣20分 2. 不能准确按照实训顺序进行更换的，扣20分 3. 损坏电动机设备组成的，扣20分			35		
		调整电刷位置减少直流电动机电枢反应		1. 不能正确使用工具的，扣20分 2. 不能准确按照实训顺序进行更换的，扣30分 3. 损坏电动机设备，扣20分			35		

（续）

班级			姓名			学号				分数	
序号	主要内容	考核要求			评 分 标 准				配分	扣分	得分
3	安全文明生产	1. 整理现场 2. 设备仪器无损坏 3. 遵守课堂纪律，尊重老师，不得延时			1. 未整理现场，扣10分 2. 设备仪器损坏，扣10分 3. 工具遗忘，扣10分 4. 不遵守课堂纪律或不尊重老师，取消实训				10		
时间	45min	开始			结束		合计				
备注					教师签字				年 月 日		

【实训3】 验证直流电动机的起动、调速、反转与能耗制动

任务准备

直流电动机的起动、调速、反转和能耗制动所需设备和工具见表1-9。

表1-9 直流电动机的起动、调速、反转、能耗制动所需设备和工具

序号	名　　称	型号	数量	单位
1	教学实验台主控制屏		1	台
2	电机导轨及测功机、转速转矩测量	NMEL-13	1	件
3	直流并励电动机	M03	1	件
4	直流电动机仪表、电源	NMEL-18	1	件
5	电动机起动箱	NMEL-09	1	件
6	直流电压表、毫安表、安培表	NMEL-06	1	件
7	继电接触箱	NEEL-10	1	件
8	转速计		1	件

任务实施

1. 直流电动机起动（见图1-32）

1）检查各实验设备外观及质量是否良好。

2）按并励直流电动机电枢电路串电阻起动与调速控制电路进行正确接线（见图1-32），先接主电路，再接控制电路。自己检查无误并经指导老师检查认可后方可合闸实验。

①调节时间继电器KT1的延时按钮，使延时时间为3s。

②调节可调电阻的阻值，使励磁电流的大小达到额定值。

③闭合断路器QF，接入220V交流电源。

④打开直流电源开关，接入220V可调直流电源。

⑤按下起动按钮SB1，观察电动机、时间继电器以及各接触器的工作情况，同时观察转速计的变化情况。

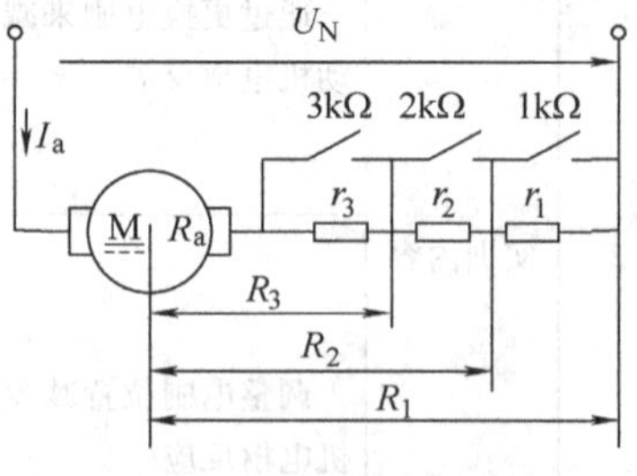

图1-32 直流电动机电枢电路串电阻起动的接线

⑥调节电枢电路可调电阻的阻值，观察转速计的变化情况。

⑦断开断路器 QF，断开电源。

想一想

> 观察接线中分别接入电阻 R_1、R_2、R_3 时，起动电流会如何变化。

2. 调速（见图 1-33）

1）按照图 1-33 所示进行接线，将励磁电路电阻短接，调节电动机电源电压，使励磁电流等于额定励磁电流。

2）在保持电动机的励磁电流等于额定励磁电流下，将电枢电路电阻逐次增加，使电动机的转速逐次减小，每次测量 n 和 I_a，并记录在表中。

3. 反转

通过调节手动开关的位置，将电枢绕组两端连线对调，闭合开关以起动电动机，观察电动机转动方向，并看电动机是否能停转。

4. 能耗制动（见图 1-34）

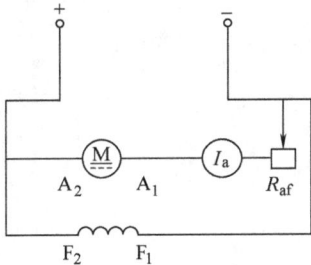

图 1-33 直流并励电动机电枢电路电阻调速的接线

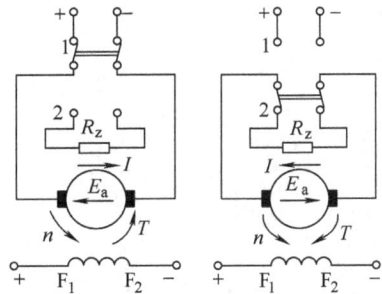

图 1-34 直流电动机能耗制动实训的接线

根据所学能耗制动的原理，观察制动时间和直流电动机转速的变化。

检查评议

直流电动机的起动、调速、反转和能耗制动检查评议见表 1-10。

表 1-10 直流电动机的起动、调速、反转和能耗制动检查评议

班级			姓名		学号			分数		
序号	主要内容	考核要求			评 分 标 准			配分	扣分	得分
1	实训准备	1. 工具、材料、仪表准备完好 2. 穿戴劳保用品			1. 工具、材料、仪表未准备完好一项，扣5分 2. 未穿戴劳保用品，扣10分			20		
2	正确接线	起动、调速、反转、能耗制动			接线错误，每项扣25分			25		
3	仪表使用	正确使用仪器仪表，电阻的取值合适			1. 错误使用仪器仪表，扣15分 2. 电阻取值不合适，扣10分			25		

（续）

班级			姓名		学号			分数		
序号	主要内容		考核要求		评 分 标 准			配分	扣分	得分
4	通电试验		1. 通电试验方法 2. 通电试验步骤		1. 通电试验方法不正确，扣10分 2. 通电试验步骤不正确，扣10分			20		
5	安全文明 生产		1. 整理现场 2. 设备仪器无损坏 3. 遵守课堂纪律，尊重老师，不得延时		1. 未整理现场，扣10分 2. 设备仪器损坏，扣10分 3. 工具遗忘，扣10分 4. 不遵守课堂纪律或不尊重老师，取消实训			10		
时间	120min	开始			结束		合计			
备注				教师签字			年　　月　　日			

项目2 变压器

📖 **项目描述**

　　变压器是利用电磁感应原理来改变交流电压的装置。它能将某一电压值的交流电变换成同一频率所需电压值的交流电，所以在变配电以及工农业生产和人类生活中起着非常重要的作用。本项目主要阐述变压器的基础知识、运行特性和相关技能。

> **知识目标**
> 1. 学习变压器的基本构造、工作原理及分类。
> 2. 掌握变压器的运行特性。
> 3. 学习单相变压器绕组的极性。
> 4. 了解三相变压器的分类和结构。
> 5. 学习三相变压器绕组的连接及并联运行。
> 6. 学习特殊变压器。
>
> **技能目标**
> 1. 变压器的相关实验。
> 2. 变压器绕组同名端的判别。
> 3. 电力变压器的维护和检修。

任务1 认识变压器

ℹ️ **知识导入**

👓 **看一看**

┌───┐
　　图 2-1 所示为干式单相变压器，请同学们观察其组成部分。
　　变压器在电力传输、电气控制、电气检测等方面，主要用于电压变换、电流变换、相变换、阻抗变换、隔离、稳压（磁饱和变压器）等。通过对本任务的学习，掌握变压器的基本知识。
└───┘

图 2-1 干式单相变压器

NEW 相关知识

一、变压器的用途及分类

变压器的种类繁多，一般可按照相数、绕组结构、铁心结构、冷却方式、用途、容量和工作频率等分为以下几种：

（1）按相数不同分类 单相、三相、多相变压器。

（2）按绕组不同分类 双绕组、三绕组、多绕组变压器和自耦变压器。

（3）按铁心不同分类 心式变压器和壳式变压器。

（4）按冷却方式分类 干式变压器、油浸自冷变压器、油浸风冷变压器、强迫油循环冷却变压器和充气式变压器等。

（5）按调压方式分类 无励磁调压变压器和有载调压变压器。

（6）按用途不同分类 电力变压器（又分为升压变压器、降压变压器、配电变压器、厂用变压器等），特种变压器（如电炉变压器、整流变压器、电焊变压器等），仪用变压器（包括电压互感器、电流互感器），实验用的高压变压器和调压变压器等。

（7）按变压器的容量分类 小型变压器的容量为 630kV·A 及以下，中型变压器的容量为 800 ~ 6300kV·A，大型变压器的容量为 8000 ~ 63000kV·A，特大型变压器的容量为 900000kV·A 及以上。

（8）按交流电频率不同 变压器可分为工频变压器、中频变压器、高频变压器（脉冲变压器）。

二、变压器的基本结构

变压器主要有铁心和绕组两大部分组成，如图 2-2 所示。

1. 铁心

铁心是变压器磁路的主体，分为铁心柱和铁轭两部分。铁心柱上套装绕组，铁轭的作用是使磁路闭合。

（1）铁心材料 铁心通常采用含硅量约为 5%，厚度为 0.35mm 或 0.5mm，两面涂有绝缘漆或由氧化处理的硅钢片叠装而成。硅钢片是软磁材料中应用最为广泛的一种，是用电工硅钢轧制而成的。这类材料在较低的

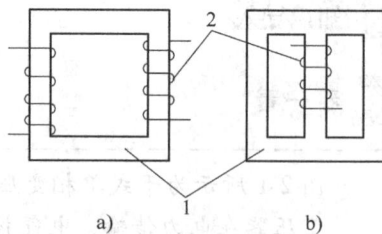

图 2-2 心式和壳式变压器
a）心式 b）壳式
1—铁心 2—绕组

外磁场作用下，就能产生较高的磁感应强度，并且随着外磁场的增大，磁感应强度会很快达到饱和；当外磁场去掉后，材料的磁性又能基本消失，剩磁很小。由于硅的加入，使硅钢片的电阻率提高了，涡流损耗降低了，老化现象有所减少，但是硅钢片的硬度提高了，使加工起来比较困难。

（2）铁心结构　按照绕组套入铁心柱的形式，铁心可以分为心式铁心和壳式铁心结构两种，如图 2-2 所示。

心式变压器的一次、二次绕组套装在铁心的两个铁心柱上，结构比较简单，有较多的空间装设绝缘结构，装配较容易，且用铁量较少，适用于容量大、电压高的变压器。电力变压器多采用心式结构。

壳式变压器的铁心包围着上、下和侧面，它的机械强度较好，铁心容易散热，但是用铁量较多，制造较为复杂，小型干式变压器多采用这种结构型式。

（3）铁心的叠片形式　大、中型变压器的铁心一般都将硅钢片裁成条状，采用交错叠片的方式叠装而成，使各层磁路的接缝互相错开，这种方法可以减少气隙和磁阻，如图 2-3所示。

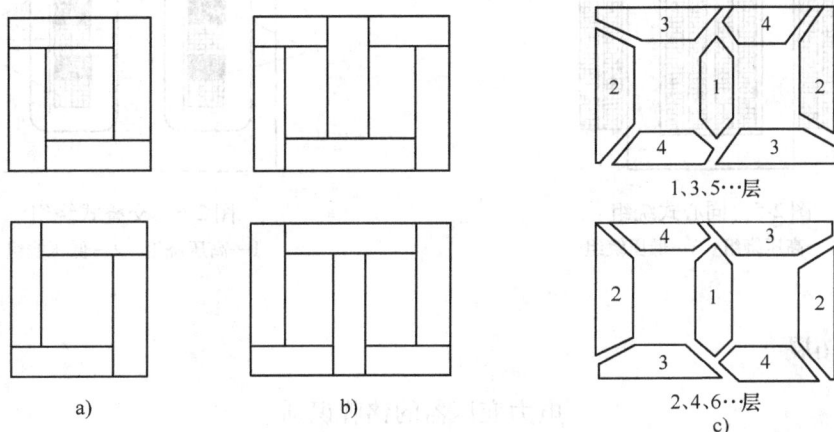

图 2-3　铁心叠片形式

a）单相铁心叠片　b）三相直缝铁心叠片　c）三相斜缝铁心叠片

小型变压器为了简化工艺和减少气隙，常采用口形、E形、F形、C形冲片交替叠装而成，近来也有采用新型加工工艺制成的 O 形、C 形铁心，如图 2-4 所示。

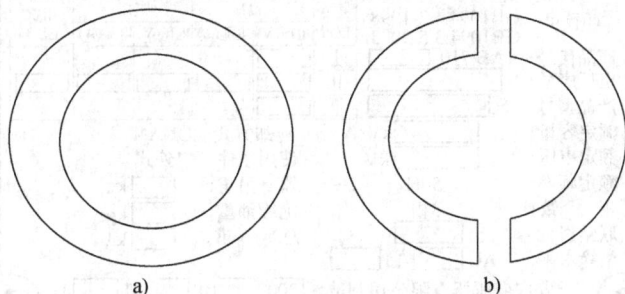

图 2-4　小型变压器的 O、C 形铁心

a）O 形铁心片　b）C 形铁心片

2. 绕组

绕组是变压器的电路部分，作为电流的载体，可以产生磁通和感应电动势。绕组常用绝缘铜线或者铝线绕制而成，有时也可用扁铜线或铝箔绕制。一般把接电源的绕组称为一次绕组，接负载的绕组称为二次绕组。按照绕组在铁心柱上放置方式的不同，绕组有同心式和交叠式两种。

（1）同心式绕组　同心式绕组是将高、低压绕组同心地套在铁心柱上。为了便于绕组和铁心绝缘，常把低压绕组靠近铁心，高压绕组套装在低压绕组的外面，如图2-5所示。同心式绕组具有结构简单、制造方便的特点，国产变压器多采用这种结构。

（2）交叠式绕组　交叠式绕组是将高、低压绕组绕成饼状，沿着铁心柱的高度方向交替放置。有利于绕线和铁心的绝缘，一般在最上层和最下层放置低压绕组，如图2-6所示。交叠式绕组大多用于壳式、干式变压器和大型电炉变压器。

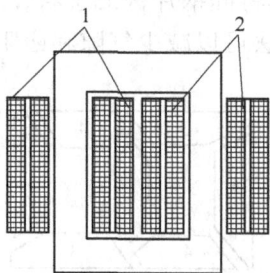

图2-5　同心式绕组
1—高压绕组　2—低压绕组

图2-6　交叠式绕组
1—高压绕组　2—低压绕组

知识拓展

电力变压器的铭牌识别

每台变压器都有一个铭牌（见图2-7），上面标记着变压器的型号与各种额定数值，只有理解铭牌上各种数据的意义，才能更好地维护和检修变压器。

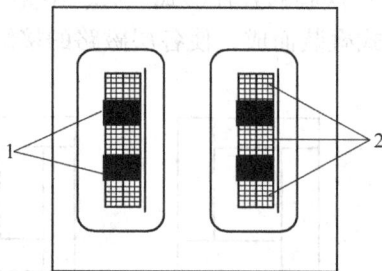

图2-7　电力变压器的铭牌

（1）型号和含义 型号表示变压器的结构特点、额定容量和高压侧的电压等级等。例如：SL9—800/10 为三相铝绕组油浸式电力变压器，设计序号为 9，额定容量为 800kV·A，高压绕组电压等级为 10kV。

（2）额定电压（U_{1N}/U_{2N}） 一次绕组的额定电压 U_{1N} 是指变压器额定运行时，一次绕组所加的电压。二次侧额定电压 U_{2N} 为变压器空载情况下，当一次侧加上额定电压时，二次侧测量的空载电压值。在三相变压器中，额定电压是线电压，单位是 V 或 kV。

（3）额定电流（I_{1N}/I_{2N}） 额定电流是变压器绕组允许长期连续通过的工作电流，是指在某环境温度、某种冷却条件下允许的满载电流值。当环境温度、冷却条件改变时，额定电流也应变化。如干式变压器加风扇散热后，电流可提高 50%。在三相变压器中，额定电流指的是线电流，单位是 A。

（4）额定容量（S_N） 额定容量又称为视在功率，表示变压器在额定条件下的最大输出功率。它一样也受到环境和冷却条件的影响，其单位是 V·A 或 kV·A。

单相变压器额定容量为

$$S_N = U_{2N}I_{2N} \tag{2-1}$$

三相变压器额定容量为

$$S_N = \sqrt{3}\,U_{2N}I_{2N} \tag{2-2}$$

（5）额定频率（f_N） 我国规定额定频率为 50Hz，有些国家规定的额定频率为 60Hz。

（6）温升（T） 温升是变压器在额定工作条件下，内部绕组允许的最高温度与环境的温度差，它取决于所用绝缘材料的等级。如油浸变压器中用的绝缘材料都是 A 级绝缘。国家规定线圈温升为 65℃，考虑最高环境温度为 40℃，则 65℃ + 40℃ = 105℃，这就是变压器线圈的极限工作温度。

（7）其他数据 其他数据还有变压器的相数、联结组、接线图、阻抗电压百分值、变压器的运行及冷却方式等。为了考虑运输和吊心，还标有变压器的总重、油重和器身的质量等。

任务 2　变压器基本工作原理分析

🐰 **想一想**

> 变压器既能升压又能降压，它是怎样工作的？

NEW 相关知识

一、变压器的基本工作原理

根据变压器的结构可知，变压器的主体是铁心和套在铁心上的绕组。接交流电源的绕组称为一次绕组，其匝数用 N_1 表示，接负载（灯泡）的绕组称为二次绕组，其匝数用 N_2 表示，如图 2-8 所示。

当一次绕组接通交流电源时，二次绕组中就有电流流过，灯泡就会发光，这是什么原因呢？根据电磁感应原理可知：当穿过绕组的磁通发生变化时，绕组中就有感应电动势产生，绕组电路闭合后就会有感应电流流过。也就是说，当一次绕组接通交流电源时，一次绕组中就有交变电流通过，这个电流将激励铁心产生交变的磁通。因为一、二次绕组套在同一个铁心柱上，该磁通就会同时在一、二次绕组中感应出电动势。对于负载来说，二次绕组中的感应电动势相当于电源，在电路中有电流流过，所以灯泡就能够发光。

可见，变压器是将一次侧交流电压、电流通过电磁感应原理传递到二次侧的，其电压和电流大小与一次侧的可以相同，也可以不同，从而达到电能传递的目的。变压器在能量传递过程中遵循能量守恒定律，且频率保持不变，这就是变压器的基本工作原理。事实证明，变压器只能传递交流电能，不能产生电能；只能改变交流电压或电流的大小，不改变频率；传递过程中几乎不改变电流与电压的乘积，也就是说变压器的传递效率很高。

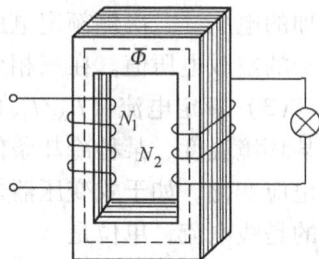

二、变压器的空载运行原理

1. 原理图与正方向

图 2-8　变压器的工作原理图

变压器的一次绕组接额定交流电源，二次绕组开路，这种运行方式称为变压器的空载运行，如图 2-9 所示。图中各电磁量均为正弦交变量，都用相量的形式来表示，规定如下：

1）$\dot{I}$ 与 $\dot{U}$ 的正方向要一致。

2）主磁通 $\dot{\Phi}_m$ 与 $\dot{I}$ 的正方向符合右手螺旋定则。

3）感应电动势 $\dot{E}$ 与 $\dot{I}$ 的方向要一致，即

$$E = -L\frac{\Delta i}{\Delta t} \qquad (2-3)$$

为了方便分析，暂时不计绕组的电阻、铁心的损耗、磁通中的漏磁通和磁路饱和的影响，这样的变压器叫做理想变压器。

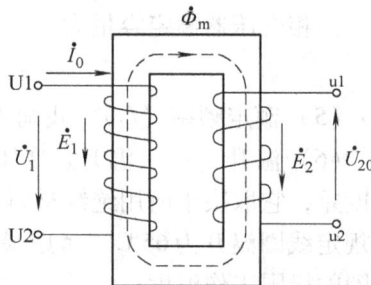

图 2-9　变压器的空载运行原理图

2. 相关量之间的关系

根据电磁感应定律，主磁通 $\dot{\Phi}_m$ 将在一、二次绕组中产生感应电动势。如果将一次绕组看成一次侧电源的负载，将二次绕组看成是变压器负载的电源，按照基尔霍夫电压定律，在一次绕组中的电动势与外加电压大小相等、方向相反。在二次绕组中，由于开路，所以产生的感应电动势与端电压大小相等、方向相同，即

$$\dot{U}_1 = -\dot{E}_1$$
$$\dot{U}_{20} = \dot{E}_2$$

上式表明，铁心中没有磁滞损耗和涡流损耗时，则 $\dot{I}_0$ 只用于产生主磁通，一次绕组是一个没有电阻的纯电感电路。电流 $\dot{I}_0$ 滞后电压 $\dot{U}_1$ 90°；感应电动势 $\dot{E}_1$ 与外加电压 $\dot{U}_1$ 反相位，相差 180°，所以感应电动势 $\dot{E}_1$ 滞后于电流 $\dot{I}_0$ 90°。主磁通 $\dot{\Phi}_m$ 与 $\dot{I}_0$ 同相位，所以 $\dot{\Phi}_m$ 超前感应电动势 $\dot{E}_1$ 90°。

二次绕组的感应电动势 $\dot{E}_2$ 与 $\dot{E}_1$ 同相位，可以画出理想变压器空载运行的相量图如图 2-10 所示。

3. 感应电动势 E 的计算

由法拉第电磁感应定律可得

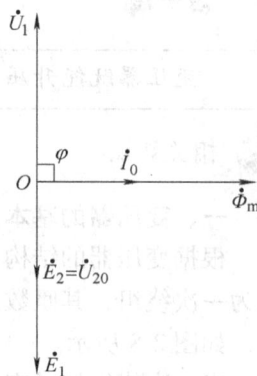

图 2-10　理想变压器空载运行相量图

$$E_P = -N \frac{\Delta \Phi}{\Delta t} \tag{2-4}$$

式中　E_P——感应电动势平均值；

$\quad\quad$ N——线圈匝数；

$\quad\quad$ $\Delta\Phi$——磁通的增量；

$\quad\quad$ Δt——时间的增量。

可以在 $t=0$ 到 $t=T/4$ 内，求出平均磁通变化率 $\Delta\Phi/\Delta t$，即 $\Delta\Phi = \Phi_m - 0 = \Phi_m$，$\Delta t = T/4 = 1/(4f)$，$\Delta\Phi/\Delta t = 4f\Phi_m$，则平均感应电动势 $E_p = 4fN\Phi_m$；又有效值 $E = \sqrt{2}/2E_m$，平均值 $E_p = 2/\pi E_m$，所以能够导出 $E/E_p = \pi/2\sqrt{2} = 1.11$。因此，可以得到

$$E = 4.44 fN\Phi_m \tag{2-5}$$

式中　Φ_m——主磁通幅值，单位是 Wb；

$\quad\quad$ f——频率，单位是 Hz；

$\quad\quad$ E——感应电动势有效值，单位是 V。

理想变压器的一、二次绕组中的感应电动势的有效值 E_1、E_2 可按照上式求得，即

$$E_1 = 4.44 fN_1\Phi_m \tag{2-6}$$

$$E_2 = 4.44 fN_2\Phi_m \tag{2-7}$$

式中　N_1——一次绕组匝数；

$\quad\quad$ N_2——二次绕组匝数。

4. 变压器的变比

由于一、二次绕组的匝数不同，主磁通在一、二次绕组中感应电动势的大小也就不同，根据式（2-6）和（2-7）可以求得一、二次绕组电动势的比值，称为变压器的电压比，用符号 K 表示，则

$$K = \frac{E_1}{E_2} = \frac{N_1}{N_2} = \frac{U_1}{U_{20}} \tag{2-8}$$

可见，当 $K=1$ 时，构成隔离变压器；当 $K<1$ 时，构成升压变压器；当 $K>1$ 时，构成降压变压器。电压比是变压器一个非常重要的运行参数。

5. 实际变压器运行时的相量关系

实际运行的变压器空载时，绕组电阻、漏磁通、铁损耗都不能忽略，这时，空载电流 $\dot{I}_0$ 不仅要建立主磁通和漏磁通，同时也提供了铁损耗和绕组铜损耗所需要的电流。

一般情况下，实际变压器绕组的电阻很小，空载电流通过一次绕组 r_1 要产生电压降 $r_1\dot{I}_0$，空载电流产生的主磁通绝大部分交链一、二次绕组，其幅值用 Φ_m 表示。它在一、二次绕组中产生感应电动势 $\dot{E}_1$ 和 $\dot{E}_{20}$。还有一小部分只与一次绕组交链的磁通，称为一次绕组的漏磁通，用 $\dot{\Phi}_{s1}$ 表示，它在一次绕组中产生的漏磁感应电动势，用 $\dot{E}_{s1}$ 表示。漏磁通很小，只有主磁通的千分之几，相应的漏磁感应电动势也很小，但有时也不能忽略。

实际变压器中，存在磁滞损耗和涡流损耗，二者合称为铁损耗。空载电流要提供铁损耗所需要的有功功率，这就要求 $\dot{I}_0$ 中包含与电源电压 $\dot{U}_1$ 同相位的有功电流。因此，会超前 $\dot{\Phi}_m$ 一个很小的铁损耗角 δ，如图 2-11 所示。由于变压器一般都采取了减少铁耗的措施，所以铁损耗角是很小的，有功电流也是很小的。

综上所述，空载电流产生的电压降 $r_1\dot{I}_0$，感应电动势 $\dot{E}_1$ 及漏磁电动势 $\dot{E}_{s1}$ 与电源电压 $\dot{U}_1$ 相平衡，可以得到一次绕组电压平衡方程式为

$$\dot{U}_1 = -\dot{E}_1 - \dot{E}_{s1} + r_1\dot{I}_0 = -\dot{E}_1 + Z_{s1}\dot{I}_0 \tag{2-9}$$

式中　Z_{s1}——电阻压降 $r_1\dot{I}_0$ 和漏磁电动势 $\dot{E}_{s1}$ 的等效阻抗。

上述几个物理量 r_1、$\dot{I}_0$、$\dot{E}_{s1}$ 均很小，所以实际变压器空载运行时

$$U_1 \approx -\dot{E}_1$$
$$\dot{U}_2 \approx \dot{E}_2 \tag{2-10}$$

一般在电力变压器中，空载电流 $\dot{I}_0$ 只有负载时一次绕组电流的 $2\% \sim 10\%$。

三、变压器负载运行原理

变压器一次绕组接在电源上，二次绕组与负载连接时的运行状态，称为变压器的负载运行。变压器的负载运行时的原理图如图 2-12 表示。

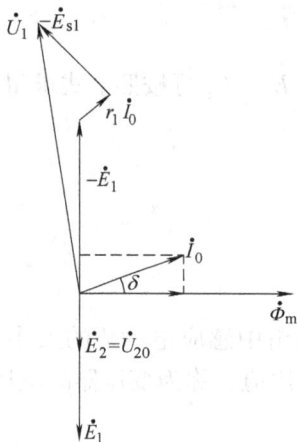

图 2-11　实际变压器空载运行相量图　　　　图 2-12　单相变压器负载运行的原理图

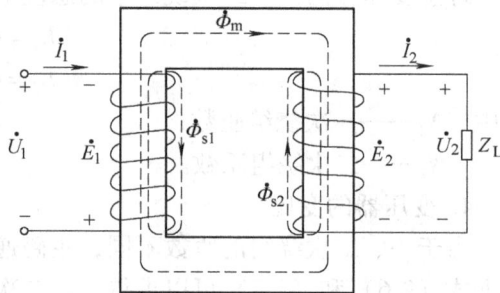

1. 一次绕组的电压平衡方程式

在二次绕组接通负载以后，在 $\dot{E}_2$ 的作用下，二次绕组流过负载电流 $\dot{I}_2$，并产生相应的磁动势 $\dot{E}_2 = N_2\dot{I}_2$，产生新的磁通来削弱一次绕组电流 $\dot{I}_0$ 产生的磁通 $\dot{\Phi}_m$，因此会影响 $\dot{E}_1$，使其减小。当 $\dot{U}_1$ 不变时。$\dot{E}_1$ 的减小会使一次绕组电流有所增加，最终使磁通保持原来的大小，一次绕组电流由 $\dot{I}_0$ 增大到 $\dot{I}_1$，这时一次绕组的电压平衡方程式变为

$$\dot{U}_1 = -\dot{E}_1 + Z_{s1}\dot{I}_1 \tag{2-11}$$

2. 变压器磁动势平衡方程式及电流比

当一次绕组电流由 $\dot{I}_0$ 增加至 $\dot{I}_1$，电流的增加量 $\Delta\dot{I}$ 抵消了 $\dot{I}_2$ 产生的磁通，以维持主磁通基本不变，磁动势的变化量为零。即

$$N_1\Delta\dot{I} + Z_{s1}\dot{I}_2 = 0$$

由此可得

$$\Delta\dot{I} = -\frac{N_2}{N_1}\dot{I}_2 \tag{2-12}$$

那么一次绕组的电流为 $\dot{I}_1 = \dot{I}_0 + \Delta\dot{I}_1 = \dot{I}_0 - \dfrac{N_2}{N_1}\dot{I}_2$

这时一次绕组的电动势为 $N_1\dot{I}_1 = N_1\dot{I}_0 - N_2\dot{I}_2$

即 $N_1\dot{I}_1 + N_2\dot{I}_2 = N_1\dot{I}_0$ (2-13)

式（2-13）表明，一次绕组电流 $\dot{I}_1$ 产生的磁动势与二次绕组电流 $\dot{I}_2$ 产生的磁动势的矢量和等于空载电流 $\dot{I}_0$ 产生的磁动势。公式（2-13）称为变压器的磁动势平衡方程式。

当变压器在额定负载下运行时，空载电流 $\dot{I}_0$ 相对于额定电流来说是很小的。数量上可以忽略不计，因此有

$$N_1\dot{I}_1 + N_2\dot{I}_2 = 0 \tag{2-14}$$

故可得变压器负载运行时，一、二次绕组间的电流比关系为

$$\frac{I_1}{I_2} = \frac{N_2}{N_1} = \frac{1}{K} \tag{2-15}$$

3. 二次绕组电路的电压平衡方程式以及实际负载运行时的相量图

二次绕组接通负载有电流 $\dot{I}_2$ 流过时，也有一部分磁通在二次绕组侧自行闭合，这就是二次绕组的漏磁通，用 $\dot{\Phi}_{s2}$ 表示。二次绕组也有电阻 r_2，负载电流 $\dot{I}_2$ 流过时，将产生漏磁电动势 $\dot{E}_{s2}$ 和电阻压降 $r_2\dot{I}_2$，故二次绕组电路的电压平衡方程式为

$$\dot{U}_2 = \dot{E}_2 + \dot{E}_{s2} - r_2\dot{I}_2 = \dot{E}_2 - \dot{Z}_{s2}\dot{I}_2 \tag{2-16}$$

式中 $\dot{Z}_{s2}$——表示漏磁电动势 $\dot{E}_{s2}$ 和电阻压降 $r_2\dot{I}_2$ 的等效阻抗。

根据式（2-16）可以画出实际变压器负载运行时的相量图，如图 2-13 所示。

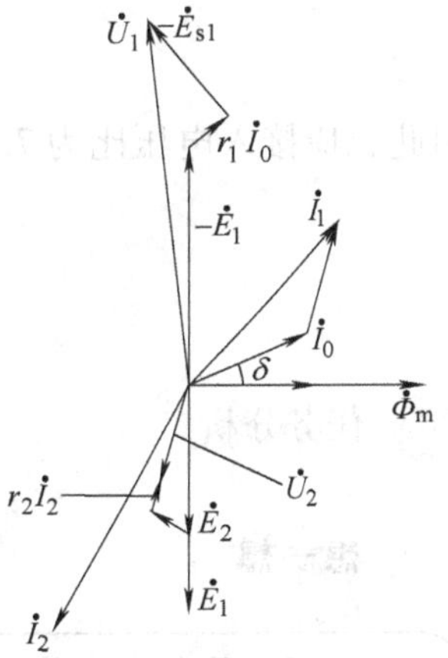

四、变压器的阻抗变换原理

在电子设备中，负载若要获得最大输出功率，必须满足负载电阻与电源内阻相等，这就叫做阻抗匹配。这就是变压器的阻抗变换作用。实际上负载的阻抗是一定的，不能随意改变，因此很难得到满意的阻抗匹配。根据变压器的阻抗变换作用，适当选择变压器的匝数比，把它接在电源与负载之间，就可以实现阻抗匹配，从而在负载上可以得到较大的功率输出。

由图 2-14 可见，从变压器一次绕组两个端点看进去的阻抗为

$$Z_1 = \frac{\dot{U}_1}{\dot{I}_1}$$

从变压器二次绕组的端点看进去的阻抗为

$$Z_L = \frac{\dot{U}_2}{\dot{I}_2}$$

因为 $K = \dfrac{U_1}{U_2} = \dfrac{I_2}{I_1}$

所以

图 2-13 实际变压器空载运行相量图

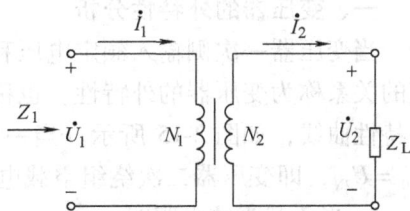

图 2-14 变压器的阻抗变换示意图

$$\frac{Z_1}{Z_2} = \left(\frac{\dot{U}_1}{\dot{I}_1}\right) \Big/ \left(\frac{\dot{U}_2}{\dot{I}_2}\right) = K^2$$

即

$$Z_1 = K^2 Z_{\text{L}} \qquad\qquad (2\text{-}17)$$

公式（2-17）表明，电压比为 K 的变压器，可以把其二次绕组的负载阻抗，变换成对电源来说扩大了 K^2 倍的等效阻抗。变压器的阻抗变换作用，在电子技术中有着广泛的应用。

例 一台超外差式半导体收音机的输出阻抗为 400Ω，现有一阻抗为 8Ω 的扬声器，若要使扬声器获得最大的输出功率。那么需要在扬声器和收音机输出端之间，接入电压比为多少的变压器？如果一次绕组匝数为 220 匝，阻抗匹配时二次绕组的匝数为多少？

解： 根据公式（2-17）可以求出变比，即

$$K = \sqrt{\frac{Z_1}{Z_{\text{L}}}} = \sqrt{\frac{400}{8}} = 7.07$$

再根据公式（2-8）可求出二次绕组的匝数为

$$N_2 = \frac{N_1}{K} = \frac{220}{7.07} = 31 \text{ 匝}$$

因此，应接入电压比为 7.07 的变压器，阻抗匹配时二次绕组的匝数为 31 匝。

任务 3 分析变压器的外特性

任务分析

想一想

> 1.5V 干电池空载时的电压为 1.6V，带负载后的电压是多少，为什么？

对于负载来说，变压器相当于一个电源，变压器的输出电压与负载电流大小的具有一定的对应关系，即变压器的外特性。通过对本任务的学习，掌握变压器外特性和电压调整率的分析方法。

相关知识

变压器的二次侧输出电压与输出电流的关系称为变压器的外特性。为了满足不同负载的需要，对于变压器的输出电压进行适当的调整可以提高供电的质量。

一、变压器的外特性分析

当变压器一次侧输入额定电压和二次侧负载功率因数一定时，二次侧输出电压与输出电流的关系称为变压器的外特性，也称为输出特性。根据实验方法画出了几条不同功率因数的外特性曲线，如图 2-15 所示。当一次绕组加额定电压 $U_{1\text{N}}$ 而且 $\dot{I}_2 = 0$ 时，二次绕组端电压 $U_{20} = U_{2\text{N}}$，即变压器二次绕组空载电压 U_{20} 为二次绕组的额定电压。

1. 当负载为纯电阻时

功率因数 $\cos\varphi_2 = 1$，随着负载电流 $\dot{I}_2$ 的增大，变压器二次绕组的输出电压逐渐降低，

即变压器输出电压具有微微下降的外特性。

2. 当负载为纯电感时

功率因数 $\cos\varphi_2 < 1$，随着负载电流 $\dot{I}_2$ 的增大，变压器二次绕组的输出电压降低较快。由于无功电流滞后，对变压器的磁路中主磁通的去磁作用较强，二次绕组的 E_2 下降所致。

3. 当负载为纯电容时

功率因数 $\cos\varphi_2 < 1$，φ_2 为负值，超前的无功电流有助磁作用，主磁通会增加一些，E_2 也随之增加，使得 U_2 会随着 I_2 的增加而增加。

可见，功率因数对变压器的外特性影响明显，负载的功率因数确定以后，变压器的外特性就随之确定了。

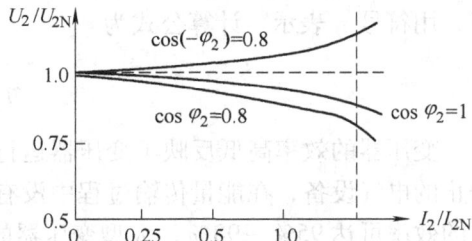

图 2-15　变压器的外特性曲线

二、变压器的电压调整率

一般情况下负载都是感性的，所以变压器输出电压随着输出电流的增加而有所下降。当负载变动时，二次绕组输出电压的变化程度可以用电压调整率 $\Delta U\%$ 来描述。变压器从空载到额定负载运行时，二次绕组输出电压的变化量 ΔU 与空载额定电压 U_{2N} 的百分比，称为变压器的电压调整率，用 $\Delta U\%$ 表示，即

$$\Delta U\% = \frac{U_{2N} - U_2}{U_{2N}} \times 100\% = \frac{\Delta U}{U_{2N}} \times 100\% \tag{2-18}$$

式中　　U_{2N}——变压器二次侧输出额定电压；

　　　　U_2——变压器二次侧额定电流时的输出电压。

电压调整率是变压器的主要性能指标之一，在一定程度上反映了供电的质量。对于电力变压器，由于一、二次绕组的电阻和漏抗都很小，所以额定负载时电压调整率为 4%～6%。当负载功率因数 $\cos\varphi_2$ 下降时，电压调整率会明显增大。因此，提高功率因数可以改善电网电压的波动情况。

三、变压器的损耗和效率

变压器在传输电能的过程中，存在着两种基本损耗，即铁损耗和铜损耗，分别用 P_{Fe} 和 P_{Cu} 表示。

1. 铁损耗

当变压器铁心中的磁通交变时，在铁心中要产生磁滞损耗和涡流损耗，统称为铁损耗。变压器空载时，绕组电阻上的能量损耗很小，变压器的空载损耗基本上等于变压器的铁损耗。当电源电压不变时，铁损耗基本恒定，可以看作一个常数，是一个与负载电流大小和性质无关的常数。

2. 铜损耗

变压器一、二次绕组中都有一定的电阻，当电流流过绕组时，就会产生热量，并消耗电能，即为铜损耗。从短路实验中可知，额定负载时铜损耗近似等于短路损耗，即 $P_{CuN} \approx P_K$；若变压器没有满负荷运行，设负荷系数 $\beta = \dfrac{I_2}{I_{2N}}$，则此时铜损耗为

$$P_{Cu} = \left(\frac{I_2}{I_{2N}}\right)^2 P_{CuN} \approx \beta^2 P_K \tag{2-19}$$

因为铜损耗 P_{Cu} 是随着负载电流 I_2 的变化而变化的，所以也称铜损耗为可变损耗。

3. 变压器的效率

（1）变压器的效率和实用公式　变压器输入有功功率 P_1 与输出有功功率 P_2 的差值就是变压器本身的功率损耗。将变压器的输出功率 P_2 与输入功率 P_1 的比值定义为变压器的效率，用符号 η 表示。计算公式为

$$\eta = \frac{P_2}{P_1} \times 100\% \tag{2-20}$$

变压器的效率高低反映了变压器运行的经济性，是运行性能的重要指标。变压器是一种静止的电气设备，在能量传输过程中没有机械损耗，所以它的效率都很高。一般中小型变压器的效率可达 95%~98%，大型变压器的效率可达 99% 以上。

因为

$$\Delta p = P_1 - P_2$$

所以

$$\eta = \frac{P_2}{P_2 + \Delta P} = \frac{\beta S_N \cos\varphi_2}{\beta S_N \cos\varphi_2 + p_{Fe} + \beta^2 p_{CuN}} \tag{2-21}$$

式中，变压器容量为

$$S_N = U_{2N} I_{2N}$$

负载因数为

$$\beta = U_{2N} I_{2N}$$

式（2-21）称为求单相变压器的效率 η 的经验公式。

（2）变压器的效率特性曲线　对于一个实际的变压器，铜损耗 P_{Cu} 和铁损耗 P_{Fe} 是一定的，它们均可由实验的方法测得。当负载的功率因数一定时，效率 η 只与负载因数 β 有关。

变压器的效率与负载因数 β 的关系曲线，称为变压器的效率特性曲线，如图 2-16 所示。

从特性曲线可以看出，变压器的效率有一个最大值，用数学分析方法可证明：变压器的两种损耗相等时变压器的效率最高。因此，得到变压器效率最高时的条件是

$$p_{Cu} = p_{Fe} = \beta_m^2 p_{CuN}$$

即

$$\beta_m = \sqrt{\frac{p_{Fe}}{p_{CuN}}} \tag{2-22}$$

图 2-16　变压器的效率特性曲线

将式（2-22）代入式（2-11）中，便得到变压器的最大效率表达式为

$$\eta_m = \frac{\beta_m S_N \cos\varphi_2}{\beta_m S_N \cos\varphi_2 + 2p_0} = \left(1 - \frac{2p_0}{\beta_m S_N \cos\varphi_2 + 2p_0}\right) \times 100\% \tag{2-23}$$

由效率曲线可知，当 $\beta < \beta_m$ 时，变压器效率较低，因为铁损耗不随负载大小而变化，输出功率较小时，铁损耗占的比例比较大；当 $\beta > \beta_m$ 时，变压器的铜损耗增加较快，输出功率较大时，铜损耗占的比例增大，效率反而又降低了。因此，不使变压器在较低负载下运行才

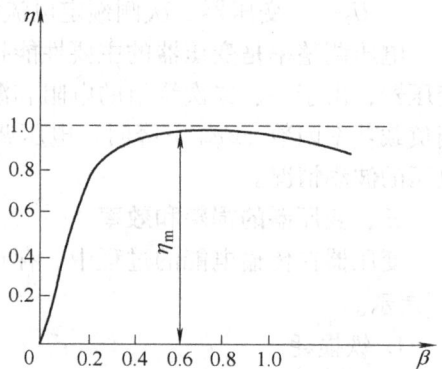

能够保证变压器有较高的效率输出。

任务4 认识单相变压器绕组的极性

知识导入

想一想

一般电路中，电阻有串、并联，变压器连接会怎样，为什么？

两台以上单相变压器连接时，会涉及变压器绕组的极性，通过对本次任务的学习，掌握单相变压器绕组极性的意义及各绕组之间的连接方法。

相关知识

一、变压器绕组的极性

变压器绕组的极性是指变压器一、二次绕组在同一磁通作用下产生的感应电动势的相位关系，通常用同名端标记。图2-17中，铁心上绕制的所有线圈都被铁心中交变的主磁通穿过，在任何一个瞬间，两绕组中同时具有相同电动势极性（如正极性）的线圈端子就叫做同极性端（也叫同名端）。处于不同电动势极性的两个端子称为异极性端（也叫异名端）。如图2-17中的U1和u1端彼此是同名端，U2和u2端彼此也是同名端。而U1和u2、u1和U2彼此称为异名端。

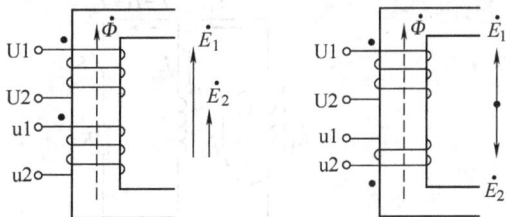

图2-17 变压器绕组的极性

通常在对应同名端加一黑点"·"或星号"＊"来标记。同极性端可能在一、二次绕组的相对应端子，也可能不在相对应端子。一台变压器一、二次绕组绕向相同的，对应端子是同极性端，绕向不同的，对应端子是异极性端。

二、单相变压器绕组极性的意义

变压器绕组的极性是指变压器一、二次绕组中的感应电动势之间的相位关系。一台单相变压器独立运行时，它的极性对运行没有影响。但是三相变压器运行时，变压器绕组之间的极性问题对变压器的正常运行就十分重要了。因此，绕组之间进行连接时，一定要注意极性之间的问题。如果极性接反，轻者变压器不能正常工作，重者可能会导致绕组和设备的严重损坏。

三、单相变压器绕组的连接

单相变压器绕组的连接主要有绕组串联和绕组并联两种形式：

1. 绕组串联

单相变压器绕组的串联有正向串联和反向串联两种形式，如图2-18所示。

1）正向串联也就是首、尾相连，把两个绕组的异名端相连，总的电动势等于两个绕组的电动势之和，绕组串联得越多电动势越大。

2）反向串联也就是尾尾相连，或者首首相连，把两个绕组的同名端相连，总的电动势等于两个绕组的电动势之差。

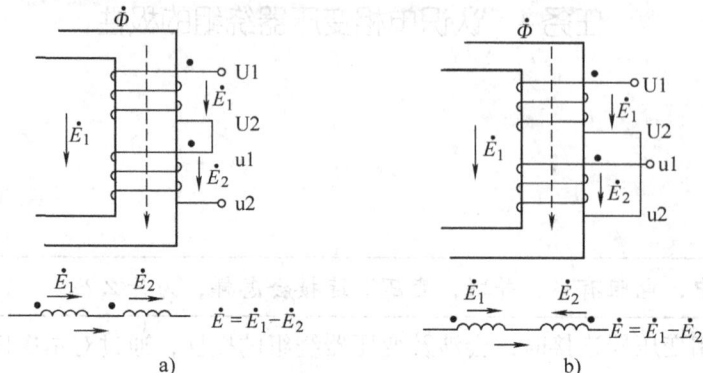

图2-18　绕组的串联

a）正向串联　b）反向串联

2. 绕组并联

单相变压器绕组的并联也有两种形式，即同极性并联和反极性并联，如图2-19所示。

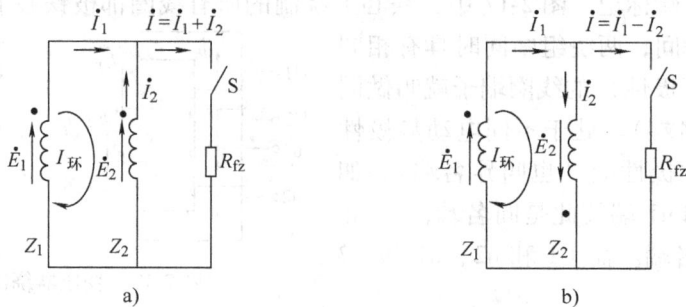

图2-19　绕组的并联

a）同极性并联　b）反极性并联

1）同极性并联，同极性并联也分为两种情况：

①当 $\dot{E}_1$ 与 $\dot{E}_2$ 大小相等时，两个绕组回路内部总的电动势为零，如图2-19a，不会产生内部环流 $I_{环}$，这是最理想的状态，变压器的并联应该符合这种条件，即

$$I_{环} = \frac{E_1 - E_2}{Z_1 + Z_2} = \frac{0}{Z_1 + Z_2} = 0$$

②当 $\dot{E}_1$ 与 $\dot{E}_2$ 大小不相等时，则两个绕组电路内部总的电动势不为零，外部不接负载时，也会产生一定的环流，环流就会产生损耗和发热，对绕组的正常工作是不利的，输出电压和电流也都会减少，严重时可能烧毁绕组。

2）反极性并联，连接形式如图2-19b所示。

这时，两个绕组电路内部的环流 $I_{环} = \dfrac{E_1 + E_2}{Z_1 + Z_2}$ 将很大，有可能烧毁绕组，所以这种接法是不允许出现的，使用中应该注意避免。

任务5 认识三相变压器

现代电力系统中，三相交流电的变配均由三相变压器来完成，为此三相交流变压器被广泛应用。通过学习本任务，了解三相变压器的结构和特点。

NEW 相关知识

一、三相组合式变压器的结构和特点

（1）结构 三相组合式变压器由三台单相变压器按一定连接方式组合而成的。其额定容量一般在63000kV·A及以上，电压等级为110kV、220kV和500kV，额定频率为50Hz，适用于运输条件受限制的变电站或发电厂使用的油浸式电力变压器，其结构如图2-20所示。

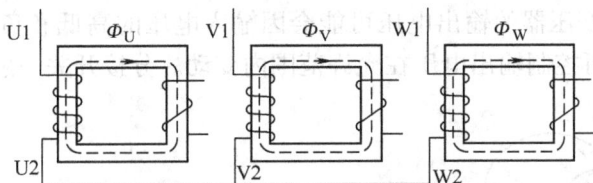

图2-20 三相组合式变压器的结构

（2）特点 三相组合式变压器的三个铁心磁路是互相独立的，当三相电压平衡时，磁路也是平衡的。它体积较大，散热较好，但成本较高。

二、三相心式变压器的结构和特点

（1）结构 三相心式变压器是三相共用一个铁心的变压器，如图2-21所示。

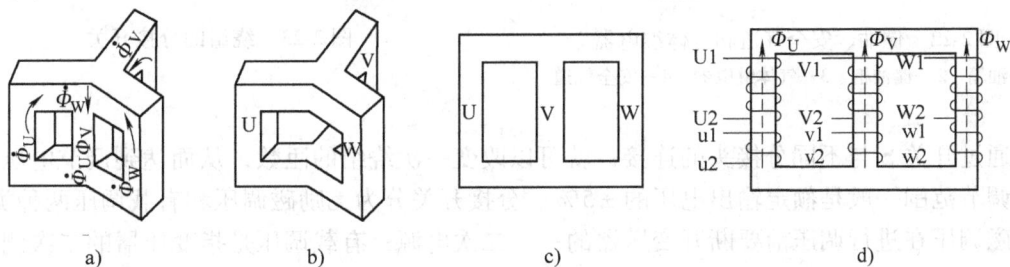

图2-21 三相心式变压器结构

它只有三个铁心柱，且布置在同一平面上，供三相磁通 Φ_U、Φ_V、Φ_W 分别通过，总磁通 $\Phi_{总} = \Phi_U + \Phi_V + \Phi_W = 0$。在三相电压平衡时，磁路也是对称的，所以就不需要另外的铁心来供 $\Phi_{总}$ 通过，这样就可以省去中间的铁心。又由于三相心式变压器中间一相铁心最短，三相磁路长度不等，造成三相磁路不平衡，使三相空载电流也略有不平衡，形成空载电流 I_0 很小，但对变压器运行影响不大。

（2）特点 三相心式变压器铁心用料少，因而体积较小，成本较低。当电源电压不稳定时，会造成三相磁路不平衡，铁心损耗增加。为防感应电压或漏电，变压器铁心必须接

地，且铁心只能有一点接地，以免形成闭合电路，产生环流。

三、三相变压器的主要附件

电力变压器的附件主要有油箱、储油柜、分接开关、安全气道、气体继电器、绝缘套筒等，主要用来保护变压器的安全和可靠运行。

（1）油箱　油浸式变压器的外壳就是油箱，油箱里装满了变压器油，它既是绝缘介质又是冷却介质，要求具有高的介质强度和较低的黏度，高的发火点和低的凝固点，不含酸、碱、硫、灰尘和水分等杂质。油箱可以保护变压器铁心和绕组不受外力作用和潮湿的侵蚀，并通过油的对流作用，把铁心和绕组产生的热量散发到周围的空气中去。

（2）储油柜　如图2-22所示，它是一个圆筒形容器，装在油箱上，通过管道与油箱相连，使变压器油刚好充满到储油柜容积的1/2。油面的升降被限制在储油柜中，可以从侧面的油表中看到油面的高低。当油因热胀冷缩而引起油面变化时，储油柜中的油面就会随之升降，从而保证油箱不会被挤破或油面下降使空气进入油箱。

（3）分接开关　变压器的输出电压可能会因输入电压的高低和负载电流的大小而发生变动，通过分接开关可控制输出电压在允许范围内变动。分接开关一般安装在一次侧，如图2-23所示。

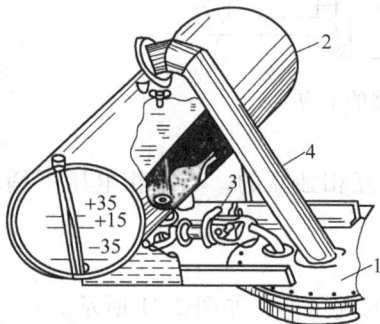

图2-22　储油、安全气道和气体继电器
1—油箱　2—储油柜　3—气体继电器　4—安全气道

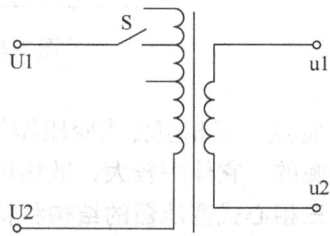

图2-23　绕组的分接开关

通过开关S与不同分接头的连接，就可以改变一次绕组的匝数，从而达到调节电压的目的。调节范围一般是额定输出电压的±5%。分接开关分为无励磁调压和有载调压两种类型。无励磁调压在进行调压前要断开变压器的一、二次电源；有载调压是指变压器的二次侧接着负载时调压，它不用停电调压，对变压器有利。

（4）安全气道　安全气道也称为防爆管，装在油箱顶盖上，它是一个长的钢筒，出口处有一块厚度约为2mm的密封玻璃板或酚醛纸板（防爆膜）。当变压器内部发生严重故障而产生大量气体，内部压力超过50kPa时，油和气体会冲破防爆膜向外喷出，从而避免油箱内受强大的向外压力而爆裂。

（5）气体继电器　气体继电器是变压器的主要保护装置，安装在变压器油箱和储油柜之间的连接管上，如图2-24所示。它的内部有一个带有水银开关的浮筒和一块能带动水银开关的挡板。当变压器内部发生故障时，产生的气体聚集在气体继电器上部，使油面降低、浮筒下沉，接通水银开关，从而发出报警信号；变压器内部发生严重故障时，油流冲破挡板，挡板偏转时带动一套机构使另一个水银开关接通，发出信号并跳闸，与电网断开，起到保护作用。

（6）绝缘套筒　绝缘套筒由外部的瓷套和其中的导电杆组成，可以使高、低压绕组的引出线与变压器箱体绝缘。它的结构主要取决于电压等级和使用条件。当电压小于或等于1kV时，采用实心瓷套管；电压在10～35kV时，采用充气式或充油式套管；电压大于或等于110kV时，采用电容式套管。为了增加表面放电距离，套管外形做成多级伞状，如图2-25所示。

图2-24　气体继电器

图2-25　绝缘套管

四、三相变压器的冷却方式

三相变压器运行时，绕组和铁心中的损耗所产生的热量必须及时散逸出去，以免过热而造成绝缘结构损坏。对小容量三相变压器，外表面积与变压器容积之比相对较大，可以采用自冷方式，通过辐射和自然对流即可将热量散去。自冷方式适用于室内小型变压器，为了预防火灾，一般采用干式的，而不用油浸的。由于三相变压器的损耗与其容积成比例，所以随着三相变压器容量的增大，其容积和损耗将以铁心尺寸三次方增加，而外表面积只依尺寸的二次方增加。因此，大容量三相变压器铁心及绕组应浸在油中，并采取以下各种冷却措施。

（1）油浸自冷方式　以油的自然对流作用将热量带到油箱壁，然后依靠空气的对流传导将热量散发。它没有特别的冷却设备。

（2）油浸风冷却式　在油浸自冷式的基础上，在油箱壁或散热管上加装风扇，利用吹风机帮助冷却。加装风扇后，可使变压器的容量增加30%～35%。

（3）强迫油循环方式　它是把变压器中的油，利用油泵打入油冷却器后再流回油箱。油冷却器做成容易散热的特殊形状（如螺旋管式），利用风扇吹风或循环水作为冷却介质，把热量带走。

扩展知识

新型变压器简介

近十多年来，国内许多变压器制造厂引进先进的制造技术和设备，迅速发展了全密封式变压器、环氧树脂干式变压器、组合式变电站等，提高了我国变压器技术水平。这些新型变压器采用了新材料、新工艺和新技术，在节能高效、安全可靠、免维护等方面都表现了优良的性能。

1. 环氧树酯干式变压器

铁心和绕组用环氧树酯浇注或浸渍作包封的干式变压器即称为环氧树脂干式变压器，如图 2-26 所示。

铁心采用单位损耗小、性能好的优质冷轧晶粒取向硅钢片，并采用 45°全斜接缝，硅钢片铁心不退火、不上漆，而采用钢带绑扎。这一系列的工艺改进使空载电流、铁心损耗大大降低。该变压器绕组包封采用环氧树酯加石英砂填充浇注式、玻璃纤维增强的环氧树酯浇注式和多股玻璃丝浸渍环氧树酯缠绕式，使树酯增加机械强度，减小膨胀系数，提高导热性能，降低材料成本，改善了振动和噪声，且绕组外观较好。由于环氧树酯干式变压器损耗小、体积小、质量轻、阻燃、防爆、无污染、过载能力强，所以被广泛应用于对消

图 2-26 环氧树酯干式变压器

防和安全可靠性有较高要求的场合，如商业中心、机场、地铁、火车站、港口、矿山、医院等公共场所。

2. S9 系列油浸式变压器

该变压器铁心材料采用单位损耗小的优质冷轧晶粒极向硅钢片，从而使空载电流和铁心损耗均大为减少；铁心叠片采用阶梯形三级接缝；硅钢片不上漆，采用 45°全斜接缝；铁心不冲孔，采用粘带绑扎，从而改进了铁心结构和工艺条件，有助于降低变压器的铁损。该变压器绕组采用酚醛漆包绝缘并绕制成圆桶式，绕组的层间及高低压绕组采用瓦楞纸绝缘代替油道撑条，缩小了绝缘结构尺寸；又由于铁心尺寸减小，所以绕组直径随之减小，使变压器的负载损耗减小。油箱采用片式散热器，从而提高了表面传热热系数，如图 2-27 所示。

3. S10 系列变压器（见图 2-28）

图 2-27 S9 系列油浸式变压器

图 2-28 S10 系列变压器

S10 系列变压器的结构与 S9 系列的差不多，只是性能更好，甚至不怕大水淹没，国内只有少数厂家生产，性能已达到国际先进水平。如 S10-Mg 系列全密封膨胀散热器节能变压器，一次性投入安装使用，15 年可不大修。它可广泛用于石油、化工、轻纺、冶金和军工等领域。

4. 非晶合金铁心变压器（AMDT）

非晶合金铁心变压器（如图 2-29 所示）比硅钢片铁心变压器的空载损耗下降 70% ~ 80%、空载电流可下降 80% 左右，在节能降耗方面具有绝对的优势。目前，我国自行设计的 SH11 系列和引进制造技术生产的 SH-M 型非晶合金铁心变压器已商品化，正在大力推广应用。

5. 密封式变压器（见图 2-30）

图 2-29 非晶合金铁心变压器

图 2-30 密封式变压器

1）空气密封型。在油箱内距箱盖处留有一定高度的空气，油受热膨胀压缩空气，减少油对箱壁的压力。这种结构现广泛应用在出口单相柱上式变压器上。

2）充氮密封型。在油箱内距箱盖处留有一定高度的氮气，利用氮气垫作为油体积变化的补偿。

3）全充油密封式。没有传统的储油柜，绝缘油体积变化由波纹油箱壁或膨胀式散热器的弹性补偿。由于隔绝了油和空气的接触途径，所以绝缘结构不会受潮，变压器的使用寿命和可靠性得到了提高。

6. 卷铁心变压器（见图 2-31）

卷铁心变压器利用硅钢片制造，变压器铁心主要有叠装式和卷绕式两种形式。卷铁心又可分为无接缝和有接缝两种。一般容量在 500kV·A 及 500kV·A 以下时为无接缝。无接缝卷铁心变压器在国内近年来发展非常迅速，尤其是中小型单相无接缝卷铁心变压器。三相卷铁心变压器一般采用三相三柱内铁心形式，有两个相同的内框和外框，空载电流仅为叠装式的 30% ~40%。

图 2-31 卷铁心变压器

上述新型电力变压器的推广应用，提高了我国变压器技术水平乃至国家整体电力水平。从 SJ 系列，再到 S9 系列，更新换代的周期大大缩短。特别是近年来又推出了 S10 系列变压器，其技术含量更高，性能更优越。

任务6　三相变压器绕组的连接及并联运行

想一想

> 几台变压器同时供电时该如何连接。

NEW　相关知识

一、三相变压器的连接方式

如果将三个高压绕组或三个低压绕组连接成三相绕组时，则有两种基本接法——星形（Y）联结和三角形（△）联结。

（1）星形（Y）联结　将三个绕组的尾端连在一起，接成中性点，再将三个绕组的首端引出箱外，其接线如图 2-32a 所示。如果中性点也引出箱外，则称为中点引出箱外的星形联结，以符号"YN"表示。

（2）三角形（△）联结　将三个绕组的各相首尾相接构成一个闭合回路，把三个连接点接到电源上去，如图 2-32b、c 所示。因为首尾连接的顺序不同，可分为正相序和反相序两种接法。

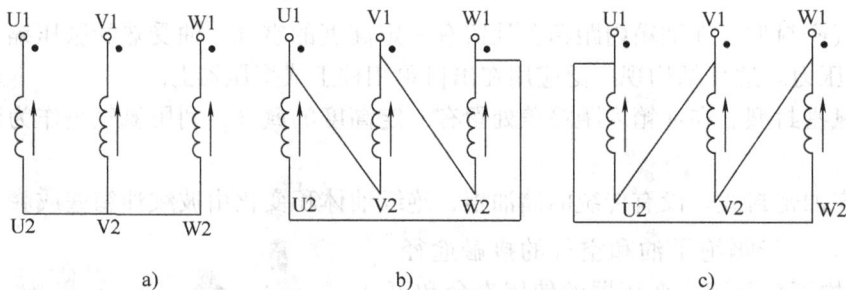

图 2-32　三相变压器的连接方式
a）星形联结　b）正相序三角形联结　c）反相序三角形联结

无论是三角形联结还是星形联结，如果一侧有一相首尾接反了，磁通就会不对称，这会使空载电流 I_0 急剧增加，从而产生严重事故，这是绝对不允许的。

二、三相变压器的联结组标号

为了变压器便于制造和使用，国家标准规定了五种常用的联结组，见表 2-1。

对于三相变压器，一、二次绕组三相连接方式的不同以及相序和极性的不同排列，一、二次绕组端电压间也存在着不同的相位差，其差值在 0°～360°按 30°的级差变化。每一级差代表一结线组别。通常用钟表计时的方法把三相变压器划分成 12 种不同的联结组别。

表 2-1　五种常见的联结组

联结组标号	图　　　示		一般适用场合
Y, yn0			适用于三相四线制供电,即同时有动力负载和照明负载的场合
Y, d11			适用于一次侧线电压在 35kV 以下,二次侧线电压高于 400V 的电路中
YN, d11			适用于一次侧线电压在 110kV 以上的,中性点需要直接接地或经阻抗接地的超高压电力系统
YN, y0			适用于高压中性点需接地场合

（续）

联结组标号	图 示	一般适用场合
Y，y0		适用于三相动力负载

按照规定，钟表计时法是以高压侧线电压相量作为分针固定于 12 点位置不动，低压（或中压）侧线电压相量作为时针旋转，每旋转 30° 为一个钟点累计。如 Y，d11 表示高压边为星形联结，低压边为三角形联结，一次侧线电压滞后二次侧线电压相位 30°。

三、变压器的并联运行

1. 三相变压器并联运行的原因

1）随着供电站用户的增加，需扩展容量而增加变压器的数量。

2）作为互备电源，变压器并联运行，以保证不间断供电从而提高供电质量。

2. 三相变压器并联运行的条件

1）一、二次侧线电压应相等，即变比相等。两个线圈要并联，且电压必须相等、极性相同，才不会产生环流。

2）联结组标号相同。联结组标号反映一、二侧线电压的相位关系，一般用时钟法表示。如果联结组别不同，会导致相位不同，并联后会使变压器产生内部电动势差而出现环流。因此，联结组标号不同的变压器不允许并联运行。

3）短路阻抗应相等。

想一想

短路阻抗相等时，阻抗电压怎样？

3. 并联运行接线

变压器并联运行接线时要注意变压器并联运行的条件，同时要考虑实际情况和维护维修的方便。如图 2-33 所示。

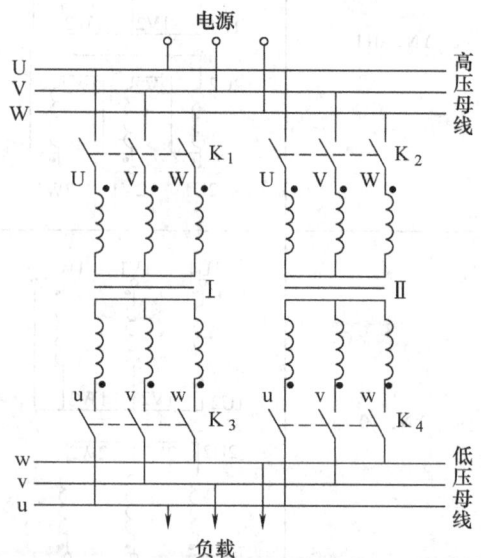

图 2-33　并联运行接线

任务 7　认识自耦变压器

知识导入

看一看

　　如图 2-34 所示为自耦变压器。但自耦变压器与一般变压器不同，通过本任务的学习，了解自耦变压器的结构特点和工作原理，其工作原理电流分析是难点。

图 2-34　自耦变压器

相关知识

一、自耦变压器的结构特点

　　把普通双绕组变压器的一次绕组和二次绕组串联，便构成一台自耦变压器。如图 2-35 所示，规定正方向与双绕组变压器的相同。

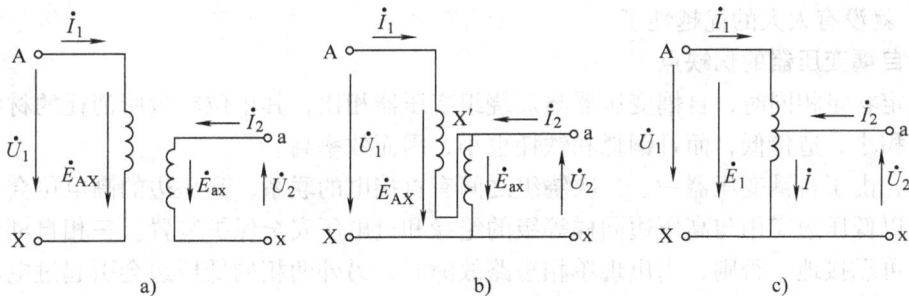

图 2-35　自耦变压器的形成过程
a）普通变压器　b）一、二次绕组相连　c）自耦变压器

　　由于自耦变压器是输出和输入共用一组线圈的特殊变压器，所以升压和降压用不同的抽头来实现。若输出部分线圈匝数比共用线圈少的部分，则抽头电压就会降低；若输出部分线圈匝数比共用线圈多的部分，则抽头电压就会升高。

　　在电力系统中，用自耦变压器把 110kV、150kV、220kV 和 230kV 的高压电力系统连接成大规模的动力系统。大功率的异步电动机减压起动，常采用自耦变压器降压，以减小起动电流。自耦变压器不仅用于降压，而且只要把输入/输出端对调一下，就变成了升压变压器。

二、自耦变压器的工作原理

自耦变压器的原理和普通变压器的一样，只不过一般的变压器是一次绕组通过电产生磁场，使二次绕组产生感应电动势，一、二绕组间没有直接电的联系。而自耦变压器的一、二次侧共用一个绕组，它们之间既有磁的联系，又有直接电的联系。其原理图如图2-36所示。

1. 工作原理与电压比

$$U_1 \approx E_1 = 4.44fN_1\Phi_{\mathrm{m}}$$
$$U_2 \approx E_2 = 4.44fN_2\Phi_{\mathrm{m}}$$
$$\frac{U_1}{U_2} \approx \frac{E_1}{E_2} = \frac{N_1}{N_2} = K \geqslant 1 \tag{2-24}$$

式中　N_1——一次侧A与X之间的匝数；

　　　N_2——二次侧a与x之间的匝数。

2. 绕组中公共部分的电流

图2-36　自耦变压器原理图

从磁动势平衡方程式可知，因为输入电压 U_1 不变，主磁通 Φ_{m} 也不变，所以空载时的磁动势和负载时的磁动势是相等的，即 $I_1N_1 - I_2N_2 = I_0N_1$。因为空载电流 I_0 很小，可忽略时，则有

$$I_1N_1 - I_2N_2 = 0$$
$$I_1 = \frac{N_2}{N_1}I_2 = \frac{1}{K}I_2 \tag{2-25}$$

由式（2-25）可见一次电流 I_1 与二次电流 I_0 的大小是有差别的，但相位是一样的。因此，可以计算出绕组中公共部分的电流为

$$I = I_2 - I_1 = (K-1)I_1 \tag{2-26}$$

当 K 接近于1时，绕组中公共部分的电流 I 就很小，因此，共用的这部分绕组导线的截面积可以减小很多，即减少了自耦变压器的体积和质量，这是它的一大优点。如果 $K>2$，则 $I>I_1$，就没有太大的优越性了。

三、自耦变压器的优缺点

当额定容量相同时，自耦变压器与双绕组变压器相比，其单位容量所消耗的材料少、变压器的体积小、造价低，而且铜耗和铁耗也小，因而效率高。

但是，由于自耦变压器一、二次绕组之间有直接电的联系，高压边的高电位会传导到低压边，所以低压边需用与高压边同样等级的绝缘和过电压安全保护装置。三相自耦变压器中性点必须可靠接地，否则，当出现单相短路故障时，另外两相的低压边会引起过电压，从而危及用电设备。这限制了自耦变压器的使用范围。

扩展知识

自耦变压器的应用

自耦变压器在不需要一、二次侧隔离的场合都有应用，常见的有交流（手动旋转）调压器、家用小型交流稳压器内的变压器、三相电动机自耦减压起动箱内的变压器等，都是自耦变压器的应用范例。

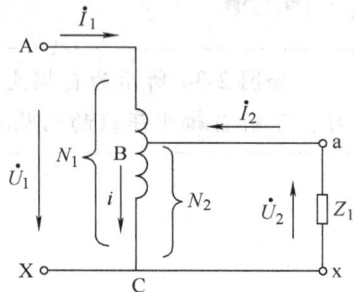

随着我国电气化铁路事业的高速发展,自耦变压器(AT)供电方式得到了长足的发展。由于自耦变压器供电方式非常适用于大容量负荷的供电,对通信电路的干扰又较小,所以被广泛应用于客运专线以及重载货运铁路。早期我国铁路专用自耦变压器主要依靠进口,成本较高且维护不便。近年来,由某公司设计并生产的 OD8-M 系列铁路专用自耦变压器在京津城际高速铁路、大秦铁路重载列车项目改造、武广客运专线等多条重要铁路投入使用,受到相关部门的高度好评,填补了国内相关产品的空白。

任务 8 认识仪用互感器

知识导入

想一想

要做一个直接测量大电流、高电压的仪表是很困难的,操作起来也十分危险,能否能利用变压器改变电压和电流的功能,使测量仪表与高电压、大电流隔离,以保证仪表和人身的安全呢?

仪用互感器被广泛应用于交流电压、电流、功率的测量,以及各种继电保护和控制电路中。通过本任务的学习,掌握仪用互感器的结构特点和工作原理。

相关知识

一、电压互感器

一般仪用互感器有电压互感器和电流互感器两种,把高电压变成低电压的,就是电压互感器;把大电流变成小电流的,就是电流互感器。

1. 电压互感器的结构特点

电压互感器是一个带铁心的变压器,主要由一、二次绕组、铁心和绝缘结构组成,如图 2-37 所示。当在一次绕组上施加一个电压 U_1 时,在铁心中就产生一个磁通 Φ,根据电磁感应定律,则在二次绕组中就产生一个二次电压 U_2。改变一次或二次绕组的匝数,可以产生不同的一次电压与二次电压比,这就组成了不同电压比的电压互感器。

2. 电压互感器的工作原理

电压互感器的工作原理和普通降压变压器的完全一样,不同的是它的电压比更准确。电压互感器的一次侧接高电压,而二次侧接电压表或其他仪表(如功率表、电能表等)的电压线圈,如图 2-38 所示。

因为二次侧所接负载的阻抗都很大,电压互感器近似运行在二次侧开路的空载状态,所以有

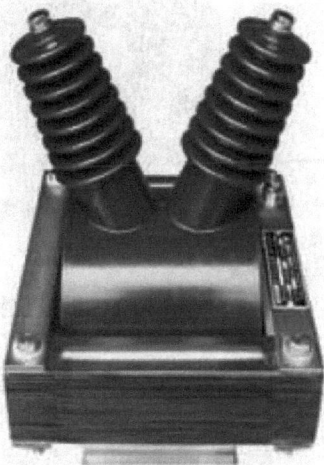

图 2-37 电压互感器

$$\frac{U_1}{U_2}=\frac{N_1}{N_2}=K \tag{2-27}$$

式中　U_1——一次侧电压表上的读数；

　　　U_2——二次侧电压表上的读数，只要乘以电压比K就是一次侧的高压电压值。

实际应用中，阻抗电压降虽很小但还是存在，故会产生一定的误差。电压互感器常用准确度等级有0.2、0.5、1.0和3.0。

电压互感器在使用时应注意：

●二次侧决不允许短路，否则会产生很大的短路电流，从而烧坏电压互感器。

●为确保工作人员安全，电压互感器的二次绕组以及铁心应可靠接地。

●为确保测量准确度，电压互感器的二次侧不宜并接过多的负载。

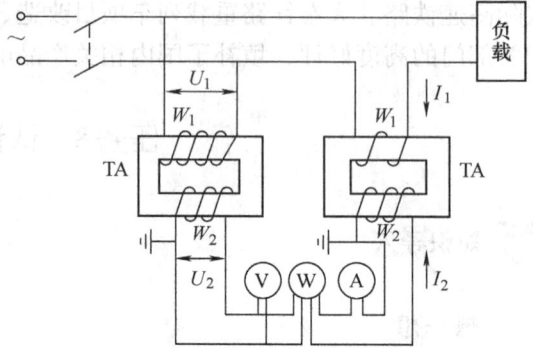

图 2-38　电压互感器原理图

二、电流互感器

1. 电流互感器的结构特点

电流互感器是由闭合的铁心和绕组组成。它的一次绕组匝数很少，串联在被测电路中。二次绕组匝数比较多，串联在测量仪表和保护电路中，电流互感器在工作时，它的二次电路始终是闭合的，又测量仪表和保护电路串联线圈的阻抗很小，所以电流互感器的工作状态接近短路，如图2-39所示。

2. 电流互感器的工作原理

由于二次侧近似于短路，所以互感器的一次电压也几乎为零，因为主磁通正比于一次侧输入电压，即 $\Phi_m \propto U_1$，所以 $\Phi_m \approx 0$，则励磁电流 $I_0 \approx 0$，总磁动势为零，如图2-40所示。

图 2-39　电流互感器

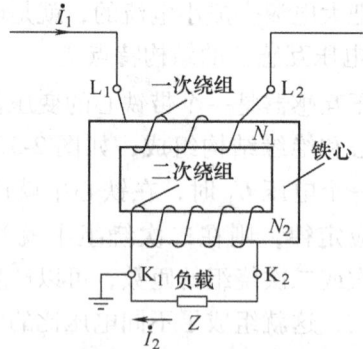

图 2-40　电流互感器原理图

根据磁动势平衡方程式有

$$I_1 N_1 + I N_2 = 0$$

$$I = \frac{N_2}{N_1} I_2 = K_1 I_2$$

如不考虑相位关系，则

$$I_1 = K_1 I_2 \tag{2-28}$$

式中　K_1——电流互感器的额定电流比；

　　　I_2——二次侧所接电流表的读数乘以 K_1，就是一次侧的被测大电流的数值。

实际应用中，励磁电流虽小但还是存在，故会产生一定的误差。电流互感器常用准确度等级有 0.2、0.5、1.0、3.0 和 10。

电流互感器在使用时应注意：

● 二次侧决不允许开路，否则，$I_2 = 0$ 时，被测电路中的大电流 I_1 全部成为励磁电流，使铁心严重过热，二次侧感应电压较大，损坏电流互感器，并危及人员和其他设备安全。

● 为确保工作人员安全，电压互感器的二次绕组以及铁心应可靠接地。

● 为确保测量准确度，电流互感器的二次侧所接负载阻抗不应超过允许值。

三、电流互感器和电压互感器的比较（见表 2-2）

表 2-2　电流互感器和电压互感器的比较

比较内容	电流互感器	电压互感器
二次侧	运行中二次侧不得开路，否则会产生高压，危及仪表和人身安全，因此二次侧不应接熔断器；运行中如要拆下电流表，必须先将二次侧短路	运行中二次侧不能短路，否则会烧坏绕组，因此，二次侧要装熔断器作为保护
接地	铁心和二次绕组一端要可靠接地，以免在绝缘结构破坏时带电而危及仪表和人身安全	铁心和二次绕组一端要可靠接地，以防绝缘结构破坏时，铁心和绕组带高压电
连接方法	一、二次绕组有 "+"、"-" 极或 "·" 的同名端标记，二次侧接功率表或电能表的电流线圈时，极性不能接错	二次绕组接功率表或电能表的电压线圈时，极性不能接错；三相电压互感器和三相变压器一样，要注意连接法，接错会造成严重后果
负载	二次侧负载阻抗大小会影响测量的准确度，负载阻抗的值小于互感器要求的阻抗值，使互感器尽量工作在 "短路状态"，并且所用互感器的准确度等级应比所接的仪表准确度高两级，以保证测量准确度。例如，一般板式仪表为 1.5 级，可配用 0.5 级电流互感器	准确度与二次侧的负载大小有关，负载越大，即接的仪表越多，二次电流就越大，误差也就越大；与电流互感器一样，为了保证所接仪表的测量准确度，电压互感器要比所接仪表准确度高两级。例如，JDG-0.5 型电压互感器的最大容量为 200V·A。当负载为 25V·A 时，准确度为 0.5 级；负载为 40V·A 时为 1 级，负载 100V·A 时，为 3 级

扩展知识

仪用互感器的应用

一、电压互感器的应用

电压互感器是发电厂、变电所等输电和供电系统不可缺少的一种电器。精密电压互感器是电测实验室中用来扩大量限，测量电压、功率和电能的一种仪器。电压互感器和变压器都是用来变换电路上电压的。但是变压器变换电压的目的是为了输送电能，因此容量很大，一般都是以千伏安或兆伏安为计算单位。而电压互感器变换电压的目的，主要是给测量仪表和继电保护装置供电，用来测量电路的电压、功率和电能，或者用来在电路发生故障时保护电路中的贵重设备、电机和变压器，因此电压互感器的容量很小，一般都只有几伏安、几十伏安，最大也不超过1000V·A。

二、电流互感器的应用

在测量交变电流的大电流时，为便于二次侧仪表测量，需要将大电流转换为较小的电流（我国规定电流互感器的二次侧额定电流为5A或1A）。另外，电路上的电压都比较高，若直接测量是非常危险的，电流互感器能起到改变电流大小和电气隔离作用。电流互感器是电力系统中测量仪表、继电保护等二次设备获取一次电路电流信息的传感器。

任务9　认识电焊变压器

知识导入

想一想

你了解工业、农业生产中用哪些焊接设备吗？

交流弧焊机由于结构简单、成本低、制造容易和维护方便而得到广泛应用。电焊变压器是交流弧焊机的主要组成部分，它实质上是一个特殊性能的降压变压器，如图2-41所示。

图2-41　交流弧焊机

通过本任务的学习，掌握电焊变压器的结构特点、工作原理和外特性。

相关知识

为了保证焊接质量和电弧燃烧的稳定性，电焊变压器应满足弧焊过程中的工艺要求。

● 二次侧空载电压应为60～75V，以保证容易起弧。同时为了安全，空载电压最高不超过85V。

● 具有陡降的外特性，即当负载电流增大时，二次侧输出电压应急剧下降。通常额定运

行时的输出电压 U_{2N} 约为 30V（即电弧上电压）。

● 短路电流不能太大，以免损坏电焊机，同时也要求变压器有足够的电动稳定性和热稳定性。焊条接触工件短路时，产生一个短路电流，引起电弧，然后焊条再拉起，产生一个适当长度的电弧间隙。因此，变压器要能经常承受这种短路电流的冲击。

● 为了适应不同的加工材料、工件大小和焊条，焊接电流应能在一定范围内调节。为了满足以上要求，根据前面分析，影响变压器外特性的主要因素是一、二次绕组的漏阻抗 Z_{S1} 和 Z_{S2} 以及负载功率因数 $\cos\varphi_2$。由于焊接加工是属于电加热性质，负载功率因数基本上都一样（$\cos\varphi_2 \approx 1$），所以不必考虑。

一、电焊变压器的结构特点及原理

常见的电焊变压器有磁分路动铁式电焊变压器、可调电抗器的电焊变压器和动圈式电焊变压器。

1. 磁分路动铁式弧焊机

磁分路动铁式电焊变压器是在铁心的两柱中间又装了一个活动的铁心柱，称为动铁心，如图 2-42a 所示。一次绕组缠绕在左边的铁心柱上，而二次绕组分两部分，一部分在左边与一次侧同在一个铁心柱上；另一部分在右边一个铁心柱上。当改变二次绕组的接法就改变匝数和改变漏抗时，从而达到改变起始空载电压和改变电压下降陡度的目的，以上是粗调，如图 2-42b 所示。粗调有Ⅰ和Ⅱ两挡。

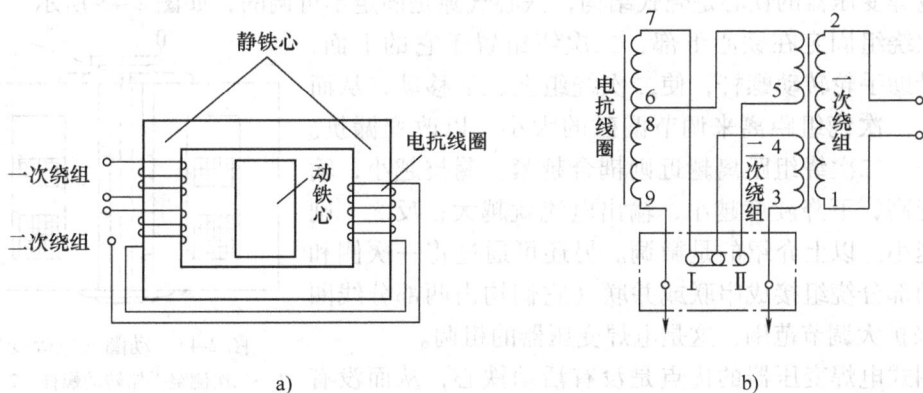

图 2-42 动铁式交流弧焊机

a) 结构 b) 电路

如果要微调电流，则要微调中间的动铁心位置。把动铁心从中间位置逐步往外移动，气隙加大，磁阻加大，漏磁通减少，漏抗减少，工作电流增大。

2. 串联可调电抗器的电焊变压器

可调电抗器的电焊变压器，根据结构不同可分为外加电抗器式和共扼式，见表 2-3。

表 2-3 带可调电抗器的电焊变压器

分类	外加电抗器式	共 扼 式
结构	一台降压变压器的二次侧输出端再串联一台可调电抗器组合而成	将变压器铁心和电抗器铁心制成一体形成共扼式结构

（续）

分类	外加电抗器式	共 扼 式	
接线		a)	b)
调节特点	通过改变电抗器的气隙大小来实现，如气隙减小时，电抗增大	调节电抗器铁心中间的动铁心，通过改变气隙来改变 E_X 的大小和电抗值，从而改变 E_X 曲线下降的陡度，达到改变电流的目的	

3. 动圈式电焊变压器

前面两种变压器的一、二次绕组是固定不动的，只是改变动铁心位置，即改变气隙大小来改变漏磁通的大小，从而改变了漏抗大小，达到改变曲线的下降陡度、调节电流的目的。动圈式电焊变压器的铁心是壳式结构，铁心气隙是固定不可调的，如图 2-43 所示。

一次绕组固定在铁心下部，二次绕组置于它的上面，并且可借助手轮转动螺杆，使二次绕组上、下移动，从而改变一、二次绕组距离来调节漏磁的大小，以改变漏抗。显然，一、二次绕组距离越近则耦合越紧，漏抗越小，输出电压越高，下降陡度越小，输出电流就越大；反之，则电流就越小。以上介绍的是微调。另还可通过将一次侧和二次侧的部分绕组接成串联或并联（它们均由两部分线圈构成）来扩大调节范围，这是电焊变压器的粗调。

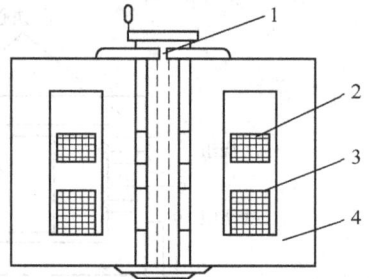

图 2-43 动圈式电焊变压器
1—二次侧绕手轮转动螺杆 2—可动的
二次绕组 3—固定的一次绕组
4—铁心

动圈式电焊变压器的优点是没有活动铁心，从而没有因铁心振动而造成电弧的不稳定。但是它在绕组距离较近时，调节作用会大大减弱，这就需要加大绕组的间距，铁心要做得较高，从而增加了硅钢的用量。

二、电焊变压器的外特性

在负载电流变化时，普通变压器二次电压的变化是很小的，如图 2-44 所示曲线 1。因为普通变压器线圈的漏抗很小，所以负载电流流过时电压降很小。而在金属焊接时，则要求电焊变压器空载时有足够的引弧电压（60～75V），焊接电流增大时，输出电压应迅速降低，输出边即使短路（例如焊条碰在工件上，使输出电压降到零），二次电流也不致过大，它必须有陡降的外特性，如图 2-44 所示曲线 2。为满足下降特性的需要，焊接变压器的漏抗做得很大，并且可以调节。

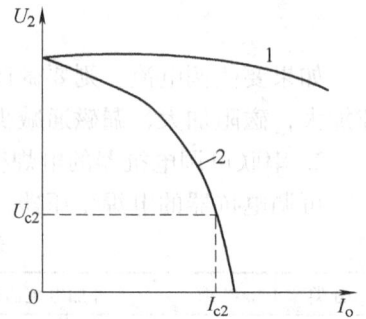

图 2-44 变压器外特性曲线

【实训1】 变压器的相关实验

一、变压器的空载、负载运行实验

任务准备

变压器的空载、负载运行实验所需设备和工具见表2-4。

表2-4 变压器空载、负载运行实验所需设备和工具

序 号	名 称	型 号	数 量	单 位
1	电源控制屏	DD01	1	台
2	模拟式万用表	MF47B	1	块
3	三相组式变压器	DJ11	1	台
4	交流电流表	D32	1	块
5	智能型功率表、功率因数表	D34-3	1	块

任务实施

1. 变压器空载运行实验

1）测量电压比 K 按照图2-45所示接好电路和电压表，调节交流电源电压，使一次电压达到额定值 U_{1N}；测量二次绕组额定电压，由式（2-27）求得电压比 K。

2）测量空载损耗 P_0。将变压器的二次绕组开路，调节交流电源电压，观察电压表 V_1，使其达到额定电压值 U_{1N}，图中电流表 A 可以测量出空载电流 I_0，并记录在表2-5中。由于二次绕组开路，所以没有电流，也就没有了铜损耗。一次绕组中的空载电流 I_0 很小，铜损耗可以忽略不计。所以，变压器一次绕组的输入功率 P_0，可以看作全部是变压器的铁心损耗 P_{Fe}。因此，功率表测得的数值 P_0 就是变压器的铁心损耗。

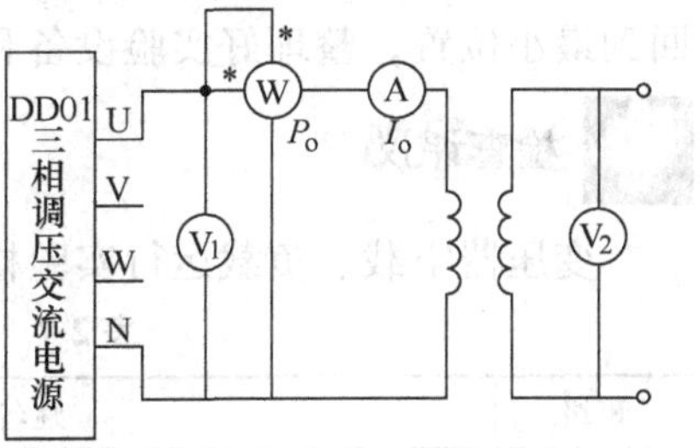

图2-45 变压器空载实验接线

表2-5 变压器空载运行实验数据

U_{1N}	I_{1N}	P_0	U_{20}	I_0	U_1

3）励磁阻抗 Z_m、电阻 r_m 以及励磁电抗。根据上述数据可以计算励磁阻抗和空载阻抗，即 U_{1N} 和 I_0 的比值，即

$$Z_m = \frac{U_{1N}}{I_0}$$

又因为励磁电阻为

$$r_m = P_0/I_0^2$$

所以励磁电抗为

$$X_m = \sqrt{Z_m^2 - r_m^2} \tag{2-29}$$

4）空载功率因数。电压变化时，铁心的饱和程度将会变化，因正常电力变压器空载电流很小，空载损耗即为铁损耗，所以可以根据测量值求得功率因数，即

$$\cos\varphi_0 = \frac{P_0}{U_{1N}I_0} \tag{2-30}$$

5）实验完毕，要注意及时关闭电源，并把调压器调回到最小位置，收拾好实验器具，经老师允许方可离开实验室。

2. 变压器负载运行实验

1）测量 P_{Cu}。按照图 2-46 所示，接好实验电路，把二次绕组短路，从零开始逐渐调节交流电源电压，直到一次电流达到额定值为止。记录此时功率 P_k，并记录在表 2-6 中。

2）测量阻抗电压 U_k。变压器进行短路实验时，使一次电流等于额定电流值时的电压称为阻抗电压，一般用 U_k 表示。测量 U_k，并记录在表 2-6 中。

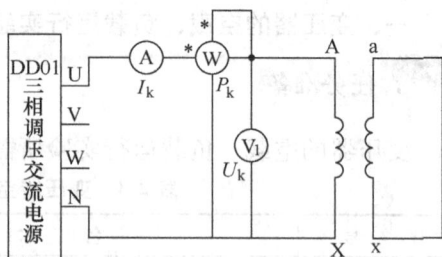

图 2-46　变压器短路实验接线

表 2-6　变压器短路实验数据

U_k			P_k		

3）测量短路阻抗 Z_k、短路电阻 r_k 和短路电抗 X_k。可以根据电压表读数来确定它们的大小。

4）测量完毕，按下停止按钮，将钥匙开关拨到"关"的位置，并将左侧调压器旋钮调回到最小位置，整理好实验设备和场地，经老师允许后方可离开实验室。

检查评议

变压器空载、负载运行实验检查评议见表 2-7。

表 2-7　变压器空载、负载运行实验检查评议

班级			姓名		学号		分数		
序号	主要内容	考核要求	评分标准				配分	扣分	得分
1	实训准备	1. 设备准备完好 2. 劳保用品齐全	1. 未准备完好一项，扣 5 分 2. 未穿戴劳保用品，扣 10 分				20		
2	正确接线	1. 仪表接线正确 2. 电源接线正确	1. 变压器接线错误，扣 15 分 2. 电源接线错误，扣 10 分 3. 功率表接线错误，扣 10 分				25		
3	仪表使用	正确使用仪表	使用仪表错误一次，扣 10 分				25		
4	通电试验	1. 通电试验方法 2. 通电试验步骤	1. 通电试验方法有错，扣 10 分 2. 通电试验步骤有错，扣 10 分				20		
5	安全文明生产	1. 整理现场 2. 设备无损坏 3. 遵守纪律，尊重老师，不得延时	1. 未整理现场，扣 10 分 2. 设备仪器损坏，扣 10 分 3. 不遵守课堂纪律或不尊重老师的，取消实训，扣 10 分				10		
时间	30min	开始		结束		合计			
备注			教师签字		年　月　日				

二、单相变压器损耗和效率实验

任务准备

单相变压器损耗和效率实验所需设备和工具见表2-8。

表2-8 单相变压器损耗和效率实验所需设备和工具

序 号	名 称	型 号	数 量	单 位
1	单相变压器	0.5kV·A	1	台
2	单相调压器		1	台
3	交流电流表	0~2.55A	1	块
4	交流毫安表	500~1000mA	1	块
5	单相功率表	0.5A/1A	1	块
6	万用表	MF47	1	块
7	计算器		1	台

任务实施

1）按图2-47a所示，连接好相应设备，仔细检查，确认无误后可接通电源，然后慢慢调节调压器使变压器的一次绕组加上额定电压 U_{1N}。

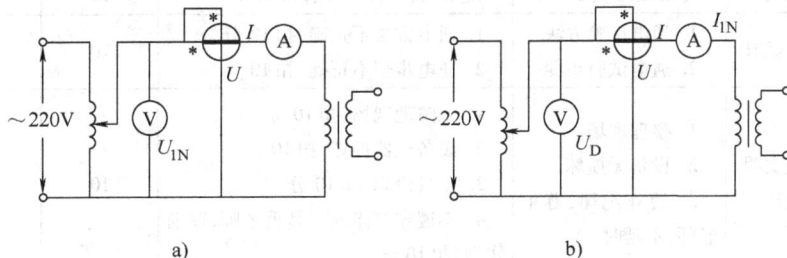

图2-47 变压器损耗测试电路

2）读出电流表 A 的示数（空载电流 I_0）和功率表的读数（功率表读数等于铁损耗 P_{Fe}）。

3）用万用表分别测量变压器的一、二次电压 U_1、U_{20}；把上述测量结果填入表2-9中，依据公式 $K = \dfrac{U_{1N}}{U_{2N}} = \dfrac{U_{1N}}{U_2}$ 可以计算出变压器的电压比 K。

4）按图2-27b所示，连接好相应设备，检查无误后接通电源，调节调压器使通过一次绕组的电流达到额定值 I_{1N}，并读出电压表的读数 U_D，测量出二次绕组流过的额定电流 I_{2N}。

5）读出功率表的读数（即为满载铜损耗 P_{CU}），记录在表2-10中。

6）每个实验都重复都3次，再计算各项的平均值，根据式（2-21）可求出变压器的效率。

表 2-9　$U_{1N} =$ _____ V

次序	P_{Fe}/W	I_0/A	K		
			U_1/V	U_{20}/V	K
1					
2					
3					
平均值					

表 2-10　$I_{1N} =$ _____ A

次序	U_D/V	P_{CU}/W
1		
2		
3		
平均值		

检查评议

单相变压器损耗和效率实验检查评议见表 2-11。

表 2-11　单相变压器损耗和效率实验检查评议

班级			姓名		学号		分数		
序号	主要内容	考核要求		评分标准		配分	扣分	得分	
1	实训准备	1. 工具、仪表准备完好 2. 劳保用品齐全		1. 工具、仪表未准备完好一项，扣 5 分 2. 未穿戴劳保用品，扣 10 分		20			
2	正确接线	1. 仪表接线正确 2. 电源接线正确		1. 变压器接线错误，扣 15 分 2. 电源接线错误，扣 10 分 3. 功率表接线错误，扣 10 分		25			
3	仪表使用	正确使用仪表		使用仪表错误一次，扣 10 分		25			
4	通电试验	1. 通电试验方法 2. 通电试验步骤		1. 通电方法不正确，扣 10 分 2. 通电步骤不正确，扣 10 分		20			
5	安全文明生产	1. 整理现场 2. 设备无损坏 3. 遵守纪律，尊重老师，不延时		1. 未整理现场，扣 10 分 2. 设备仪器损坏，扣 10 分 3. 工具遗忘，扣 10 分 4. 不遵守纪律或不尊重老师，取消实训，扣 10 分		10			
时间	30min	开始		结束		合计			
备注			教师签字			年　　月　　日			

三、自耦变压器的调压实验

任务准备

自耦变压器的调压实验所需设备和工具见表 2-12。

表 2-12　自耦变压器调压实施所需设备和工具

序　号	名　称	型　号	数　量
1	电工综合实验台	TH-3	1
2	自耦变压器		1
3	电容器	4.7μF/500V	1
4	白炽灯及灯座	220V/15W	1～3
5	电源插座		3

任务实施

1) 自耦变压器调压按图 2-48 所示进行接线。

2) 接通电源前，先将调压器调压旋钮调至最小。

3) 调整过程中，按电压由小到大逐渐调节输出（即 U）调至 50V、110V 和 220V。

4) 记录三次负载输出电压值，观察现象，体会自耦变压器的调压作用。

实验结果记录在表 2-13 中，并进行数据分析。

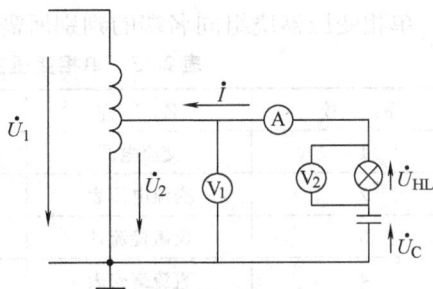

图 2-48 自耦变压器调压电路

表 2-13 实 验 结 果

测 量 值	测 量 值			结 论
二次电压	50V	110V	220V	
二次电流				
输出电压				

检查评议

自耦变压器调压检查评议见表 2-14。

表 2-14 自耦变压器调压检查评议

班级			姓名		学号		分数		
序号	主要内容	考核要求		评分标准			配分	扣分	得分
1	实训准备	1. 工具、材料、仪表准备完好 2. 穿戴劳保用品		1. 工具、材料、仪表未准备完好一项，扣5分 2. 未穿戴劳保用品，扣10分			20		
2	实训内容	1. 仪器、仪表使用 2. 区分一次侧和二次侧 3. 电路连接 4. 电压调整 5. 数值记录		1. 仪器、仪表使用不正确，扣10分 2. 不能正确区分，扣10分 3. 接线错误，扣15分 4. 未按要求调整，扣15分 5. 为正确记录，扣15分			70		
3	安全文明生产	1. 整理现场 2. 设备仪器无损坏 3. 工具遗忘 4. 遵守课堂纪律，尊重老师，不得延时		1. 未整理现场，扣5分 2. 设备仪器损坏，扣5分 3. 工具遗忘，扣5分 4. 不遵守课堂纪律或不尊重老师，取消实训			10		
时间	15min	开始		结束		合计			
备注			教师签字			年 月 日			

【实训2】 单相变压器绕组同名端的判别

任务准备

单相变压器绕组同名端的判别所需设备的工具见表2-15。

表2-15 单相变压器绕组同名端的判别所需设备、工具

序　号	名　称	型　号	数　量	单　位
1	交流电源	36V以下	1	处
2	交流电压表	500V	1	块
3	灵敏检流计		1	个
4	直流毫安表		1	块
5	干电池	1.5V	2	块
6	导线	RV	1	m

任务实施

单相变压器可以通过两种方法来判断变压器的绕组极性。

1. 分析法

因为变压器的一、二次绕组在同一个铁心上，故都被磁通 Φ 交链。当磁通变化时，在两个绕组中的感应电动势也有一定的方向性，当一次绕组的某一端点瞬时电位为正时，二次绕组也必有一电位为正的对应点，这两个对应的端点，称为同极性端或同名端，用符号"·"表示。

对两个绕向已知的绕组，可以从电流的流向和它们所产生的磁通方向判断其同名端，如图2-49a所示，已知一、二次绕组的方向，当电流从1端和3端流入时，它们所产生的磁通方向相

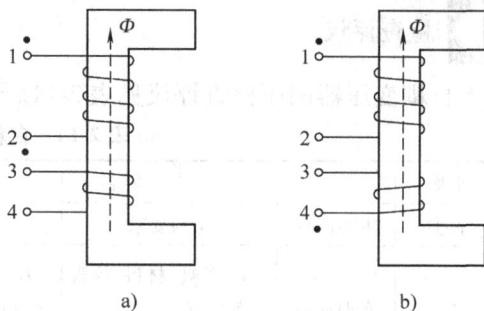

图2-49 分析法判断极性

同，因此1、3端为同名端。同样，2、4端也为同名端，同理可以知道图2-49b中1、4端为同名端。

2. 实验法

判断变压器的极性有两种方法：

（1）交流法 如图2-50所示，将一、二次绕组各取一个接线端连接在一起，如图2-50中2、4端，并在 N_1 绕组上加上适当的交流电 U_{12}，再用交流电压表分别测量 U_{12}、U_{13}、U_{34} 各值，并记录在表2-16中。（如果 $U_{13} = U_{12} - U_{34}$，则1、3端为同名端，如果 $U_{13} = U_{12} + U_{34}$，则1、4端为同名端。）

（2）直流法 用1.5V或3V的直流电源，按图2-51所示连接。直流电源接在一次绕组上，灵敏电流计接在二次绕组两端，正接线柱接3端，负接线柱接4端。当开关

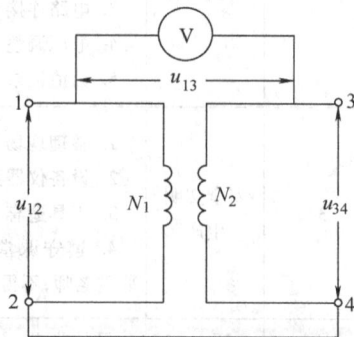

图2-50 交流法判断极性

合上的瞬间，如果电流计指针向右偏转，则 1、3 端为同名端；否则 1、4 端为同名端。(电流从灵敏电流计 "+" 接线柱流入时，指针向右偏转；从 "–" 接线柱流入时，指针向左偏转)。

表 2-16　判断单相变压器绕组的极性实验结果

	测　量　值		计算值	结论
	U_{12}	U_{13}	U_{34}		
第 1 次					
第 2 次					
第 3 次					

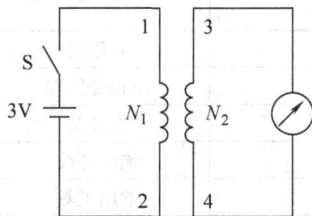

图 2-51　直流法判断极性

检查评议

单相变压器绕组的同名端判断检查评议见表 2-17。

表 2-17　单相变压器绕组的同名端判别检查评议

班级			姓名		学号		分数		
序号	主要内容	考核要求		评分标准			配分	扣分	得分
1	实训准备	1. 工具、仪表准备完好 2. 劳保用品齐全		1. 工具、仪表未准备完好一项，扣 5 分 2. 未穿戴劳保用品，扣 10 分			20		
2	正确接线	1. 仪表接线正确 2. 电源接线正确		1. 变压器接线错误，扣 15 分 2. 电源接线错误，扣 10 分 3. 功率表接线错误，扣 10 分			25		
3	仪表使用	正确使用仪表		使用仪表错误一次，扣 10 分			25		
4	通电试验	1. 通电试验方法 2. 通电试验步骤		1. 通电试验方法不正确，扣 10 分 2. 通电试验步骤不正确，扣 10 分			20		
5	安全文明生产	1. 整理现场 2. 设备仪器无损坏 3. 遵守课堂纪律，不得延时		1. 未整理现场，扣 10 分 2. 设备仪器损坏，扣 10 分 3. 工具遗忘，扣 10 分 4. 不遵守课堂纪律或不尊重老师，取消实训，扣 10 分			10		
时间	30min	开始		结束		合计			
备注			教师签字				年　月　日		

【实训 3】　三相变压器首、尾端的判断

任务准备

三相变压器首、尾端的判断所需设备和工具见表 2-18。

表2-18　三相变压器首、尾端判断所需设备和工具

序　号	名　　称	规　格	单　位	数　量
1	三相变压器	S7-500/10	台	1
2	干电池或蓄电池	干电池1.5V 蓄电池2～6V	只	1
3	万用表	2500～1000V	只	1
4	单相变压器	220V/36V	只	1
5	刀开关		个	1
6	绝缘导线		条	若干
7	常用工具		套	1

任务实施

1. 直流法

（1）分相设定标记　首先用万用表电阻挡测量12个出线端间通、断情况及电阻大小，找出三相一次绕组。假定标记为1U1、1V1、1W1、1U2、1V2、1W2。

（2）连接电路　将一个1.5V的干电池（用于小容量变压器）或2～6V的蓄电池（用于电力变压器）和刀开关接入三相变压器一次侧任一相中（如V相），如图2-52所示。

（3）测量判别　在V相（假设1V1是首端）上加直流电源，电源的"＋"接1V1，电源的"－"经刀开关SA接至1V2。然后用一个直流电流表（或直流电压表）测量另外两相电流（或电压）的方向来判断其相间极性。其判别方法如下：

1）如果在闭合刀开关SA的瞬间，两表同时向正方向（右方）摆动，则接在直流电流表"＋"端子上的线端是尾端1U2和1W2，接在电流表"－"端子上的线端是首端1U1和1W1。在合上刀开关SA的瞬间各相绕组的感应电动势方向如图2-52所示。

2）如果在闭合刀开关SA的瞬间，两表同时向反方向（左方）摆动时，则接在直流表的"＋"端子上的线端是首端1U1和1W1，接在表"－"端子上的线端是尾端1U2和1W2。在合上刀开关SA的瞬间各绕组感应电动势方向如图2-53所示。

由上述可知，测试三相变压器相间极性与测试单相变压器的极性其判别方法恰好相反。

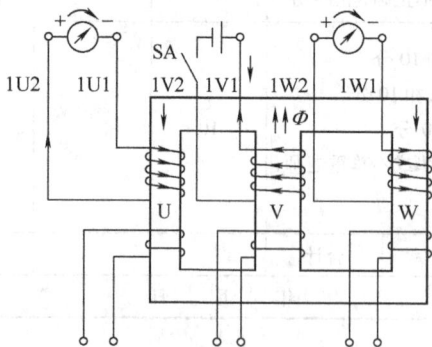

图2-52　直流法测定三相变压器首、尾端　　　　图2-53　直流法测定三相变压器首、尾端（反摆）

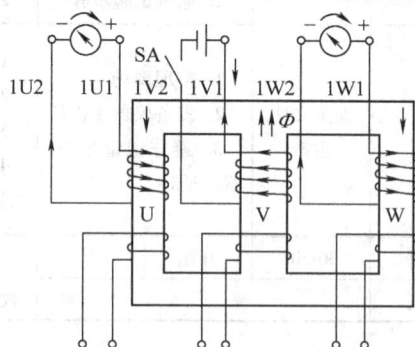

2. 交流法

（1）设定标记　其方法同直流法。

（2）连接电路　如图2-54a所示，先假设1U1是首端，将1U2和1V2用导线连接，

1W1 与 1W2 间连接交流电压表 V。

（3）测量判断　当在 1U1 与 1V1 之间外加电压 U_1 后，则测得 1W1 与 1W2 之间电压。

1）若 $U_2 = 0$，则说明 1U1 与 1V1 都是首端。因为此接法使磁通中自成一电路，W 相绕组中磁通 $\Phi = 0$，所以电压 $U_2 = 0$。

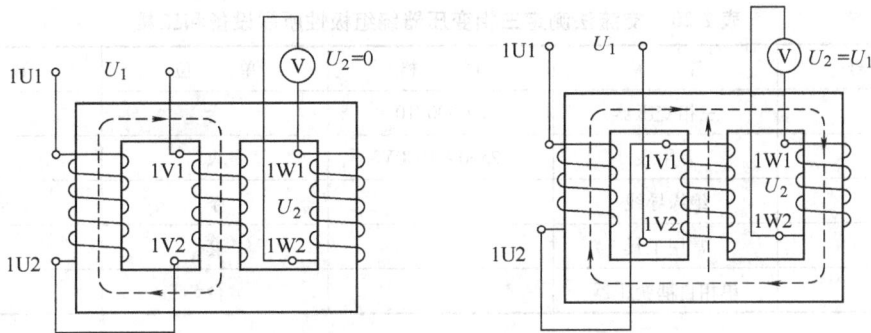

图 2-54　交流法判断三相绕组首、尾端

2）若 $U_2 = U_1$，则说明被连接的是尾端 1V2。因为此接法使 U、V 两相的磁通都通入到 W 相中，则 W 相感应电压等于 U、V 两相感应电压之和，如图 2-54b 所示。

同理，把 W 相与 V 相交换，同样可测出 W 相的首、尾端。

检查评议

三相变压器首、尾端判断检查评议见表 2-19。

表 2-19　三相变压器首、尾端判断检查评议

班级		姓名		学号		分数		
序号	主要内容	考核要求		评分标准		配分	扣分	得分
1	实训准备	1. 工具、材料、仪表准备完好 2. 穿戴劳保用品		1. 工具、材料、仪表未准备完好一项，扣 5 分 2. 未穿戴劳保用品，扣 10 分		20		
2	实训内容	1. 仪器、仪表使用 2. 分相设定标记 3. 电路连接 4. 测量判别		1. 仪器、仪表使用不正确，扣 10 分 2. 不能正确分相设定标记，扣 10 分 3. 接线错误，扣 15 分 4. 判别错误，扣 15 分		50		
3	通电试验	1. 通电试验方法 2. 通电试验步骤		1 通电试验方法不正确，扣 10 分 2. 通电试验步骤不正确，扣 10 分		20		
4	安全文明生产	1. 整理现场 2. 设备、仪器无损坏 3. 工具遗忘 4. 遵守课堂纪律，尊重老师，不得延时		1. 未整理现场，扣 5 分 2. 设备仪器损坏，扣 5 分 3. 遗忘工具，扣 5 分 4. 不遵守课堂纪律或不尊重老师，取消实训		10		
时间	15min	开始		结束		合计		
备注			教师签字		年　　月　　日			

【实训4】 交流法测定三相变压器绕组极性

任务准备

交流法测定三相变压器绕组极性所需设备和工具见表2-20。

表2-20 交流法测定三相变压器绕组极性所需设备和工具

序　号	名　称	规　格	单　位	数　量
1	三相变压器	S7-500/10	台	1
2	万用表	2500～1000V	只	1
3	绝缘导线		条	若干
4	常用工具		套	1
5	单相自耦变压器		台	1

任务实施

1. 测定一次侧三相绕组的首、尾端

1）首先用万用表电阻挡测量12个出线端间通断情况及电阻大小，找出三相高压线圈。假设标记为1U1、1V1、1W1和1U2、1V2、1W2。

2）按图2-55所示进行。将1V2、1W2两点用导线相连，在1V1与1W1间接通电源施加低电压（约50%U_N）。

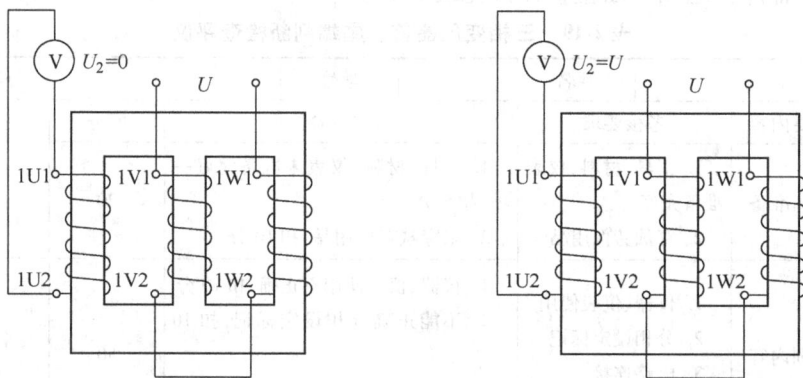

图2-55 测定一次侧绕组的首、尾端电路

3）用万用表交流电压挡测量1U1，1U2间电压。测量结果为$U_{1U1,1U2}=0$，则假设标记1V1、1W1、1V2、1W2正确；若$U_{1U1}=U_N$，则说明标记错误。应先切断电源，然后把V、W相中任一相的端点标记互换（如将1V1、1V2换成1V2、1V1）。再重复2）、3）来确定首尾。

4）用同样的方法，将1U2、1V2两端用导线相连，在1U1与1V1之间接通电源施加低电压，测定U、V相首、尾端，完成后切断电源，并把一次侧三相绕组的首、尾端作正式标记。

2. 测定每相一、二次绕组极性

1）首先用万用表电阻挡，根据端间通断与一次绕组的对应情况测量和判断出二次侧 6 个出线端，假设标记为 2U1、2V1、2W1 和 2U2、2V2、2W2。

2）然后按图 2-56 所示进行，将 1W2、2W2 用导线相连，在 W 相的 1W1 和 1W2 之间施加低电压 U。

3）用万用表交流电压挡测量 1W1，2W1 间电压。如测量结果为 $U_{1W1,2W1} < U$，则说明标记正确；若 $U_{1W1,2W1} > U$，则说明标记错误，应将标记 2W1、2W2 对调。同理，其他两相也可依此法测定出。测定后，按国家标准规定，把二次绕组各相首、尾端作出正式标记。

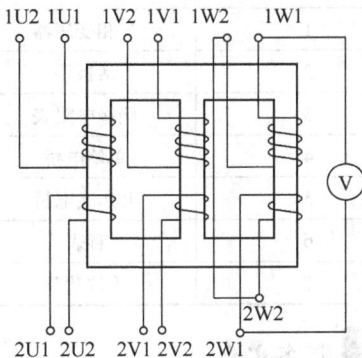

图 2-56　测定每相一、二次绕组极性电路

检查评议

交流法测定三相变压器绕组极性检查评议见表 2-21。

表 2-21　交流法测定三相变压器绕组极性检查评议

班级			姓名	学号		分数		
序号	主要内容	考核要求	评分标准			配分	扣分	得分
1	实训准备	1. 工具、材料、仪表准备完好 2. 穿戴劳保用品	1. 工具、材料、仪表未准备完好一项，扣 5 分 2. 未穿戴劳保用品，扣 10 分			20		
2	实训内容	1. 仪器、仪表使用 2. 分相设定标记 3. 电路连接 4. 测量判别 5. 极性测定	1. 仪器、仪表使用不正确，扣 10 分 2. 不能正确设定标记，扣 10 分 3. 接线错误，扣 10 分 4. 判别错误，扣 10 分 5. 极性错误，扣 10 分			50		
3	通电试验	1. 通电试验方法 2. 通电试验步骤	1. 通电试验方法不正确，扣 10 分 2. 通电试验步骤不正确，扣 10 分			20		
4	安全文明生产	1. 整理现场 2. 设备、仪器无损坏 3. 工具遗忘 4. 遵守课堂纪律，尊重老师，不得延时	1. 未整理现场，扣 5 分 2. 设备仪器损坏，扣 5 分 3. 工具遗忘，扣 5 分 4. 不遵守课堂纪律或不尊重老师，取消实训			10		
时间	15min	开始		结束		合计		
备注			教师签字			年　月　日		

【实训 5】　电力变压器的维护和检修

任务准备

电力变压器的维护和检修所需设备和工具见表 2-22。

表 2-22 电力变压器的维护及检修所需设备和工具

序　号	名　称	规　格	单　位	数　量
1	三相变压器	S7-500/10	台	1
2	活扳手	200mm×24mm	只	1
3	绝缘电阻表	2500～1000V	只	1
4	单笔电桥	QJ23	只	1
5	开尔文电桥	QJ103 型	只	1
6	秒表	60″型	只	1
7	手拉葫芦	2000kg	台	1

任务实施

（1）变压器运行中的日常维护　当电力系统发生短路故障或天气突然发生变化时，应对变压器及其附属设备进行重点检查，检查过程中，要遵守"看"、"闻"、"嗅"、"摸"、"测"五字准则，仔细检查。

1）看、闻：变压器内部故障及各部件过热将引起一系列的气味、颜色的变化，通过观察故障发生时的颜色及闻气味，由外向内认真检查变压器的每一处。

2）听：正常运行时，由于交流电通过变压器绕组，在铁心里产生周期性的交变磁通，所以引起硅钢片的伸缩，从而使铁心的接缝与叠层之间的磁力作用及绕组的导线间的电磁力作用引起振动，发出"嗡嗡"响声。如果产生不均匀响声或其他响声，都属于不正常现象。不同的声响预示着不同的故障现象。

3）摸：变压器的很多故障都伴随着急剧的温升，对运行中的变压器，应经常检查各部分有无发热迹象。

4）测：依据声音、颜色及其他现象对变压器事故的判断，只能作为现场的初步判断，因为变压器的内部故障不仅是单一方面的直观反映，而且它涉及诸多因素，有时甚至出现假象。因此必须进行测量并作综合分析，才能准确可靠地找出故障原因及判明事故性质，提出较完备的处理办法。

（2）检查项目

1）电力系统发生短路或变压器事故后的检查。检查变压器有无爆裂、移位、变形、焦味、闪络及喷油等现象，油温是否正常，电气连接部分有无发热、熔断，瓷质外绝缘层有无破裂，接地线有无烧断。

2）大风、雷雨、冰雹后的检查。检查变压器的引线摆动情况及有无断股，引线和变压器上有无搭挂落物，瓷套管有无放电闪络痕迹及破裂现象。

3）浓雾、小雨、下雪时的检查。检查瓷套管有无沿表面放电闪络，各引线接头发热部位在小雨中或落雪后应无水蒸气上升或落雪融化现象，导电部分应无冰柱。若有水蒸气上升或落雪融化，应用红外线测温仪进一步测量接头实际温度。若有冰柱，应及时清除。

4）气温骤变时的检查。气温骤冷或骤热时，应检查储油柜油位和瓷套管油位是否正常，油温和温升是否正常，各侧连接引线有无变形、断股或接头发热和发红等现象。

5）过负荷运行时的检查。检查并记录负荷电流，检查油温和油位的变化，检查变压器的声音是否正常，检查接头发热状况，示温蜡片有无融化现象，检查冷却器运行是否正常，检查防爆膜、压力释放器是否处于未动作状态。

6）新投入或经大修的变压器投入运行后的检查。在4h内，应每小时巡视检查一次，除了正常项目以外，应增加检查内容：

①检查变压器声音的变化。如发现响声特大、不均匀或有放电声，则可认为内部有故障。

②检查油位和油温变化。正常油位、油温随变压器带负荷的变化，应略有上升和缓慢上升。

③检查冷却器温度。手触及每一组冷却器，温度应均匀、正常。

（3）电力变压器的拆装检修

1）首先注意检修时防止工具、螺钉、螺母等异物掉入变压器内，以免造成事故。

2）检修前应预先放掉一部分变压器油，盛油容器必须清洁干燥，盛满后要加盖防潮，油要进行化验。若油不够，须补充同型号化验合格的新油。

3）吊铁心时应尽量把吊钩装的高些，使吊铁心的钢绳夹角不大于45°。

4）如果只是吊起铁心检查，必须在箱盖和箱壳间垫牢固的支撑物，才能进行检修。

5）变压器所有紧固螺钉按顺序对称拧紧，并使之牢固。否则运行时将发出声响或噪声。

6）对铁心应进行如下检查：

①检查铁心到夹件的接地铜皮是否有效接地，如果没装设或已装设但损坏，在运行中会出现轻微的"啪啪"的放电声。

②用1000V绝缘电阻表测量铁轭夹件穿心螺栓绝缘电阻，数值不小于2MΩ。

③检查铁心底部平衡垫绝缘衬垫是否完整是否有松动。

④检查铁心硅钢片是否有过热现象。

⑤如果发现各部螺母松动要紧固。

7）对绕组进行绝缘老化的鉴定。用手按压绝缘物，如有脱落现象或有裂纹，绝缘物呈碳片状下落，或按绝缘物弯曲时就发生断裂，应更换绕组。

8）对分接头开关进行检查。开关旋转是否灵活，是否完整或松动，注意动、静触点的吻合位置与指示位置是否一致，检查接触点是否有灼伤或过热变色，检查引线和开关连线处的螺母是否有松动。

9）变压器被打开后相对湿度为75%以下的空气中滞留时间不宜超过24h。如在检修期间变压器本身的温度高出3~5℃时，则变压器本身在空气中的滞留时间可延长。

（4）变压器检修后的一般试验方法

1）绝缘电阻和吸收比的测量。采用绝缘电阻表测标准规定的吸收比，吸收比为60s时绝缘电阻$R_{60''}$与15s时的绝缘电阻$R_{15''}$的比值$\frac{R_{60''}}{R_{15''}}$可采用2500V的绝缘电阻表，分别测线圈对地及每对线圈之间的绝缘电阻及吸收比，测量过程中不测的部分要接地。

2）测量变压器绕组的直流电阻。对于变压器的一次绕组应分别测量各分接位置的阻值，以发现接触不良的故障。对于1Ω以下的阻值用开尔文电桥，1Ω以上的阻值用惠斯顿电桥。

要求：三相变压器各绕组的阻值偏差不超过平均值的2%，相电阻的平均值不应超过三相平均值的4%。

3）测量各部分抽头的电压比。测量各相抽头的电压比，并与铭牌值相比较，其值相差不应超过1%。

4）测定三相变压器联结组标号，如没改变接法可免去此项。

5）测定额定电压下的空载电流。空载电流一般在额定电流的5%左右。

6）进行耐压试验。

检查评议

电力变压器维护及拆装检修检查评议见表2-23。

表 2-23　电力变压器维护及拆装检修检查评议

班级			姓名		学号		分数		
序号	主要内容	考核要求		评分标准			配分	扣分	得分
1	实训准备	1. 工具、材料、仪表准备完好 2. 穿戴劳保用品		1. 工具、材料、仪表未准备完好一项，扣2分 2. 未穿戴劳保用品，扣2分			10		
2	实训内容	1. 铭牌识别 2. 仪器、仪表使用 3. 电力变压器的检查维护 4. 电力变压器的拆装 5. 电力变压器的检修		1. 不会识别名牌或识别不正确，扣5分 2. 仪器、仪表使用不正确，扣5分 3. 检查方法不正确或检查项目不全，每处扣5分 4. 拆装方法不正确，每处扣5分 5. 检修方法不正确，每处扣5分			80		
3	安全文明生产	1. 整理现场 2. 设备仪器无损坏 3. 工具遗忘 4. 遵守课堂纪律，尊重老师，不得延时		1. 未整理现场，扣5分 2. 设备仪器损坏，扣5分 3. 工具遗忘，扣5分 4. 不遵守课堂纪律或不尊重老师，取消实训			10		
时间	90min	开始		结束		合计			
备注			教师签字			年　　月　　日			

项目 3　交 流 电 机

3

📖 项目描述

　　现代社会生活中，电能是使用最广泛的一种能源，在电能的生产、传输和使用等方面，交流电机起着重要作用。本项目主要学习交流电机的基础知识和运行特性，并熟练掌握相关实训内容。

知识目标

1. 学习三相异步电动机的组成、工作原理及工作特性分析。
2. 掌握三相异步电动机的运行原理。
3. 了解同步电机的工作原理、并联运行及起动。

能力目标

1. 三相、单相异步电动机的拆装及检测。
2. 三相异步电动机的相关实验。
3. 三相、单相异步电动机的运行维护、常见故障及检修。

任务 1　认识交流电动机

🔍 知识导入

👓 看一看

　　交流电动机在工农业生产和日常生活中起着非常重要的作用，是否认识下面几个电动机，如图 3-1 所示。

a)　　　　　　　　　　　　　b)　　　　　　　　　　　　　c)

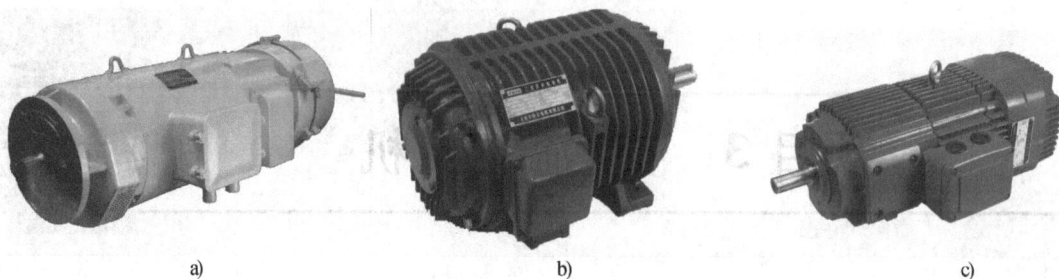

图 3-1　几种交流电动机

a）塔吊电动机　b）YG 系列辊道用电动机　c）SBA 系列锥形转子电动机

相关知识

一、交流电动机的分类

交流电动机是指能实现机械能与交流电能之间互相转换的一种装置或设备。交流电机按其功能不同可分为电动机和发电机。交流电动机按其工作原理的不同又分为异步电动机和同步电动机。交流异步电动机种类较多，具体分类及用途见表 3-1。

表 3-1　异步电动机的分类及用途

分类形式	种　类	用　途	实　例
按电源相数分	单相异步电动机	主要用于功率较小的家用电器,如电风扇、洗衣机、电冰箱、空调机等	
	三相异步电动机	主要用于拖动功率要求较大的场合,如用于工业上的拖动中小型轧钢机、各种金属切削机床、起重机、风机、水泵等设备中;在农业上,拖动脱粒机、粉碎机、磨粉机以及其他各种农用加工机械等设备中	
按转子结构不同分	笼型转子	广泛地应用在工农业生产中,作为电力拖动的原动机	
	绕线转子	适用于要求起动电流小、起动转矩大和频繁起动的场合,如起重机、电梯、空调压缩机等	
按防护形式分	开启式	适用于清洁、干燥的工作环境	

（续）

分类形式	种 类	用 途	实 例
按防护形式分	防护式	适用于比较干燥、少尘、无腐蚀性和爆炸性气体的工作环境	
	封闭式	多用于灰尘多、潮湿、易受风雨、有腐蚀性气体、易引起火灾等各种较恶劣的工作环境	
	防爆式	适用于易燃、易爆气体工作环境,如有瓦斯的煤矿井下、油库、煤气站等	
按调速方式分	变极调速	多用于笼型异步电动机且调速要求不高的场合	
	变转差率调速	多用于绕线异步电动机,如起重设备、运输机械的调速等	
	变频调速	多用于调速要求较高场合	

二、交流电动机的优缺点

在工农业生产中,交流电动机应用十分广泛,其优缺点如下:

1. 优点

1）结构简单。

2）制造容易。

3）运行可靠。

4）价格低廉。

5）坚固耐用，无故障工作时间 20000h 以上。

6）较高的工作效率和较硬（相当好）的自然（工作）机械特性。

2. 缺点

1）功率因数较差，总是小于 1。

2）必须从电网吸收滞后性的无功功率才能保证异步电动机的正常运行。

3）不能在较大范围内实现平滑调速。

随着电子技术、计算机技术、自动控制技术的发展，交流电动机已逐步具备了调速范围宽、稳态精度高、动态响应快等良好的技术性能。电网的功率因数可通过其他方法进行补偿，电动机的这些缺点并不妨碍它的广泛使用。

任务 2　认识三相异步电动机

知识导入

看一看

图 3-2 为三相笼型异步电动机结构剖面图，请同学们观察其组成部分。

图 3-2　三相笼型异步电动机结构剖面图

三相异步电动机种类虽然很多，但结构上却大同小异，都是由静止的部分（称为定子）和转动的部分（称为转子）组成的，如图 3-3 所示。

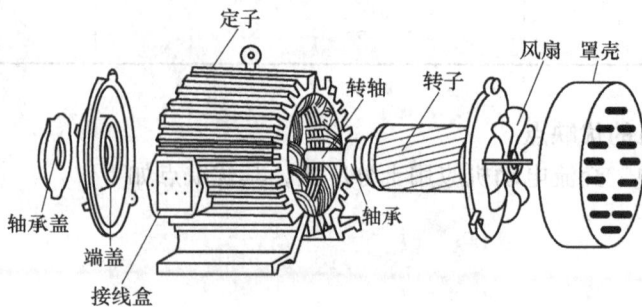

图 3-3　三相异步电动机结构

NEW 相关知识

一、静止部分

三相异步电动机的静止部分主要由定子铁心、定子绕组、机座和端盖组成。

1. 定子铁心

定子铁心是形成电动机的磁路和安放定子绕组的，如图 3-4 所示。定子铁心用 0.35 ~ 0.5mm 厚表面涂有绝缘漆的薄硅钢片叠压而成，由于硅钢片较薄而且片与片之间是绝缘的，所以减少了铁心因为交变磁通而引起的磁滞和涡流损耗。铁心内圆有均匀分布的槽口，用来嵌放定子绕组。

2. 定子绕组

定子绕组是用来产生旋转磁场的，如图 3-5 所示。三相绕组有三个独立的绕组组成，且每个绕组又由若干线圈连接而成。每个绕组即为一相，每个绕组在空间相差 120°。定子三相绕组的六个出线端都引至接线盒上，首端分别标为 U1、V1、W1，尾端分别标为 U2、V2、W2。这六个出线端在接线盒里的排列，可以接成星形（Y）联结或三角形（△）联结。

图 3-4　定子铁心

图 3-5　定子绕组

3. 机座

机座是整个电动机的支架。在机座上可固定定子铁心和定子绕组，并以前、后两个端盖支撑转子转轴。它的外部有散热筋，以增加散热面积、提高散热效果。机座通常用铸铁或铸钢铸造而成。

4. 端盖

端盖装在机座的两侧，起支撑转子的作用，一般为铸铁件。

二、转动部分

电动机的转动部分称为转子，由铁心、绕组、转轴、风叶等组成。

1. 转子铁心

转子铁心作为电机磁路的一部分，并放置转子绕组，如图 3-6 所示。

铁心一般用 0.5mm 厚的硅钢片冲制、叠压而成，硅钢片外圆冲有均匀分布的孔，用来安置转子绕组。通常都是用定子铁心冲落后的硅钢片内圆来冲制转子铁心的。

图 3-6　转子铁心

2. 转子绕组

转子绕组的主要作用是将电能转变成机械能。转子绕组通过切割定子磁场，产生感应电动势和电流，并在旋转磁场的作用下受力而使转子转动。根据结构的不同可分为笼型转子和绕线转子，如图 3-7 所示。

笼型转子的铁心外圆有均匀分布的槽，每个槽内安放一根导条并伸出铁心以外，然后用两个端环把所有导条的两端分别连接起来。如去掉铁心，整个绕组的外形就像一个"鼠笼"，所以称为笼型转子。笼型转子的导条可以是铜条，也可以用铸铝的方法将导条和端环一起铸成，优点是结构简单、运行可靠、成本低。

绕线转子绕组与定子绕组相似，是用绝缘导线嵌放于转子铁心槽内，连接成丫联结的三相对称绕组，然后再把三个出线端分别接到转子轴上的三个相互绝缘的集电环上，通过电刷把电流引出来同外部电阻或电源连接，从而改变电动机的特性。绕线转子异步电动机的优点是具有较大的起动转矩，较高的功率因数，起动电流可控；缺点是运行可靠性较差、结构比较复杂、造价较高。

图 3-7　转子绕组

3. 转轴

转轴用以传递转矩及支撑转子的质量。转轴必须具有足够的刚度和强度，以保证负载时气隙均匀及转轴本身不致断裂，一般都由碳钢或合金钢制成。

4. 风叶

风叶的作用是散热、冷却电动机。风叶可强迫电动机内的空气流动，带走内部的热量，加强散热。一般用塑料制成。

三、其他部分

1. 轴承

连接转动部分与不转部分，目前都采用滚动轴承以减小摩擦。

2. 承端盖

保护轴承，使轴承内的润滑油不致溢出。

3. 风叶罩

风叶罩起保护风叶的作用，同时起安全防护的作用。

4. 气隙

气隙是电动机磁路的一部分。异步电动机定子、转子之间有一个很小的间隙，称为气隙。当气隙大时，励磁电流也大，使电动机运行时的功率因数降低；但气隙不能太小，否则使电动机装配困难，且运行不可靠。一般中、小型电动机转子与定子之间的气隙为 $0.2 \sim 1.5mm$。

知识拓展

新型铁心材料优势及应用

1. 非晶合金材料简介

由于超急冷凝固，合金凝固时，原子来不及有序排列结晶，得到的固态合金是长程无序的结构，没有晶态合金的晶粒、晶界存在，称之为非晶合金，它被称为是冶金材料学的一项革命。这种非晶合金具有许多独特的性能，如优异的磁性、耐蚀性、耐磨性，很高的强度、硬度和韧性，很高的电阻率、机电耦合性能等。由于它的性能优异、工艺简单，所以从 80 年代开始成为国内外材料科学界的研究开发重点。

在以往数千年中，人类所使用的金属或合金都是晶态结构的材料，其原子三维空间内作有序排列、形成周期性的点阵结构。而非晶钛金属或合金是指物质从液态（或气态）急速冷却时，因来不及结晶而在室温或低温保留液态原子无序排列的凝聚状态，其原子不再成长程有序、周期性和规则排列，而是出于一种长程无序排列状态。具有铁磁性的非晶态合金又称为铁磁性金属玻璃或磁性玻璃。为了叙述方便，以下均称为非晶态合金。

2. 发展简史

1960 年美国 Duwez 教授发明了用快淬工艺制备非晶态合金。其间，非晶软磁合金的发展大体上经历了两个阶段。

第一个阶段是从 1967 年到 1988 年。1984 年美国四个变压器厂家在 IEEE 会议上展示实用非晶配电变压器则标志着第一阶段达到高潮，到 1989 年，美国 AlliedSignal 公司已经具有年产 6 万吨非晶带材的生产能力，全世界约有 100 万台非晶配电变压器投入运行，所用铁基非晶带材几乎全部来源于该公司。

第二阶段是从 1988 年开始，这个阶段具有标志性的事件是铁基纳米晶合金的发明。1988 年日本日立金属公司的 Yashiwa 等人在非晶合金基础上通过晶化处理开发出纳米晶软磁合金（Finemet）。1988 年当年，日立金属公司纳米晶合金实现了产业化，并有产品推向市场。1992 年德国 VAC 公司开始推出纳米晶合金代替钴基非晶合金，尤其在网络接口设备上（如 ISDN），大量采用纳米晶磁心制作接口变压器和数字滤波器件。

任务3 三相异步电动机工作原理分析

知识导入

想一想

电动机是如何工作的，可通过实验看一看！如图 3-8 所示旋转磁场带动笼型转子旋转示意图，同学们可利用所学知识分析一下！

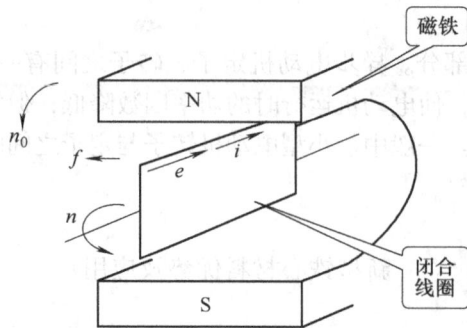

图 3-8　旋转磁场带动笼型转子旋转示意图

相关知识

一、三相异步电动机工作条件

上例中，在装有手柄的马蹄形磁铁的两磁极间放置一个可以自由转动的笼型转子。当转动手柄带动马蹄形磁铁旋转时，笼型转子也会跟着马蹄形磁铁旋转。马蹄形磁铁转得快，笼型转子也转得快；马蹄形磁铁转得慢，笼式转子也转得慢；若改变马蹄形磁铁的旋转方向，则笼型转子的旋转方向也跟着改变。由此得出三相异步电动机工作条件：

1）电动机转子旋转必须由一个旋转磁场带动。

2）转子旋转速度与磁场旋转速度必须不同。

3）转子导条必须是短路的，使导条内有感应电流。

二、三相异步电动机的工作原理

1. 旋转磁场的产生

（1）旋转磁场的产生过程　以两极电动机为例来分析旋转磁场的产生。如图 3-9 所示，三相定子绕组 U1-U2、V1-V2 和 W1-W2 在空间按互差 120°的规律对称排列。并接成星形联结与三相电源 U、V、W 相连。随着三相定子绕组上通过三相对称电流 $i_U = I_m \sin\omega t$、$i_V = I_m \sin(\omega t - 120°)$、$i_W = I_m \sin(\omega t + 120°)$，在三相定子绕组中就会产生旋转磁场。

设定：电流的瞬时值为正时，电流从各绕组的首端流入，尾端流出；电流瞬时值为负值时，电流从各绕组的尾端流入，首端流出。在图中用"$\oplus$"表示电流流入端；用"$\odot$"表示电流流出端。

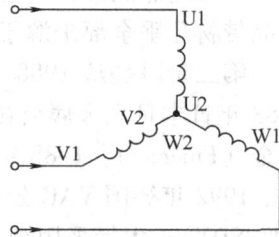

图 3-9　三相异步电动机定子接线

当 $\omega t = 0°$时，$i_U = 0$，U 相绕组中无电流；i_V 为负值，V 相绕组中的电流从 V2 流入、V1 流出；i_W 为正，W 相绕组中的电流从 W1 流入、W2 流出；由右手螺旋定则可得合成磁场的方向如图 3-10a 所示。

$\omega t = 120°$时，$i_V = 0$，V 相绕组中无电流；i_U 为正，U 绕组中的电流从 U1 流入、U2 流出；i_W 为负值，W 绕组中的电流从 W2 流入、W1 流出；由右手螺旋定则可得合成磁场的方向如图 3-10b 所示。$\omega t = 240°$时，$i_W = 0$，W 相绕组中无电流；i_U 为负值，U 相绕组中的电流从 U2 流入、U1 流出；i_V 为正，V 相绕组中的电流从 V1 流入、V2 流出；由右手螺旋定则可得合成磁场的方向如图 3-10c 所示。

可见，当定子绕组中的电流变化一个周期时，合成磁场也按电流的相序方向在空间旋转一周。随着定子绕组中的三相电流不断地作周期性变化，合成磁场也不断地旋转，因此称为旋转磁场。

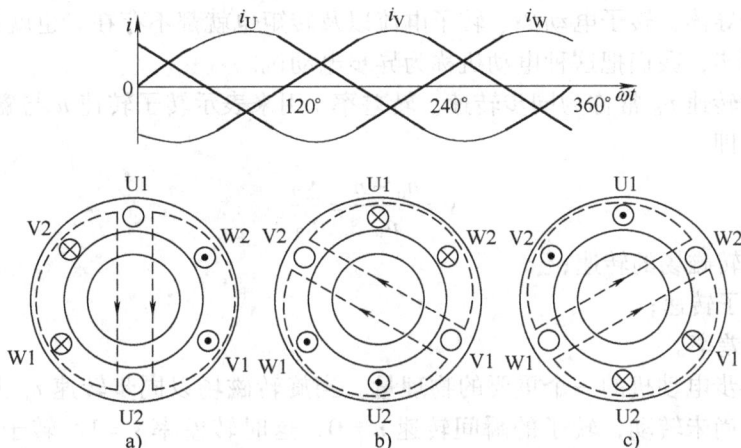

图 3-10 旋转磁场的形成

a) $\omega t = 0°$ b) $\omega t = 120°$ c) $\omega t = 240°$

（2）旋转磁场的方向 旋转磁场的方向是由三相绕组中电流相序决定的，若想改变旋转磁场的方向，只要改变通入定子绕组的电流相序，即将三根电源线中的任意两根对调即可。这时，转子的旋转方向也跟着改变。

2. 磁极对数与转速的关系

（1）磁极对数（p） 三相异步电动机的极数就是旋转磁场的极数。旋转磁场的极数和三相绕组的排列有关。当每相绕组只有一个线圈，绕组的始端之间相差120°空间角时，产生的旋转磁场具有一对磁极，即 $p = 1$；当每相绕组为两个线圈串联，绕组的始端之间相差60°空间角时，产生的旋转磁场具有两对磁极，即 $p = 2$。由此得出，磁极对数 p 与绕组的始端之间的空间角 θ 的关系为

$$\theta = 120°/p$$

（2）转速（n） 三相异步电动机旋转磁场的转速 n_0 与电动机磁极对数 p 有关，它们的关系是

$$n_0 = \frac{60f_1}{p} \tag{3-1}$$

式中 n_0——旋转磁场的转速；

f_1——电流频率；

p——磁场的极数。

由式（3-1）可知，旋转磁场的转速 n_0 取决于电流频率 f_1 和磁场的极数 p。对某一异步电动机而言，f_1 和 p 通常是一定的，所以磁场转速 n_0 是个常数。

在我国，工频 $f_1 = 50Hz$，因此，极数 p 决定了旋转磁场的转速 n_0。常见的同步转速见表3-2。

表 3-2 常见的同步转速

p	1	2	3	4	5	6
n_0（r/min）	3000	1500	1000	750	600	500

（3）转差率（s）　电动机转子转动的方向与磁场旋转的方向相同，但转子的转速 n 不可能达到与旋转磁场的转速 n_0 相等，否则转子与旋转磁场之间就没有相对运动，因而磁力线就不切割转子导体，转子电动势、转子电流以及转矩也就都不存在。也就是说，旋转磁场与转子之间不同步，我们把这种电动机称为异步电动机。

旋转磁场的转速 n_0 常称为同步转速。转差率 s 用来表示转子转速 n 与磁场转速 n_0 相差程度的物理量，即

$$s = \frac{n_0 - n}{n_0} = \frac{\Delta n}{n_0} \qquad (3\text{-}2)$$

式中　n_0——旋转磁场的转速；

　　　n——转子转速；

　　　s——转差率。

转差率是异步电动机的一个重要的物理量。当旋转磁场以同步转速 n_0 开始旋转时，转子则因机械惯性尚未转动，转子的瞬间转速 $n = 0$，这时转差率 $s = 1$。转子转动后，$n > 0$，$(n_0 - n)$ 差值减小，电动机的转差率 $s < 1$。如果转轴上的阻转矩加大，则转子转速 n 降低，即异步程度加大，才能产生足够大的感应电动势和电流，产生足够大的电磁转矩，这时的转差率 s 增大；反之，s 减小。异步电动机运行时，转速与同步转速一般很接近，转差率很小。在额定工作状态下为 $0.01 \sim 0.07$。

根据式（3-2）可以得到电动机的转速常用公式 $n = (1 - s)n_0$。

（4）三相异步电动机的定子电路与转子电路　三相异步电动机中的电磁关系同变压器的类似，定子绕组相当于变压器的一次绕组，转子绕组（一般是短接的）相当于二次绕组。给定子绕组接上三相电源电压，则定子中就有三相电流通过，此三相电流产生旋转磁场，其磁力线通过定子和转子铁心而闭合，这个磁场在转子和定子的每相绕组中都要生产感应电动势。

3. 工作原理

三相异步电动机接通电源后，定子铁心中产生旋转磁场，利用电磁感应原理，转子导体因切割磁力线产生感应电动势，带电的转子导体与旋转磁场相互作用产生电磁转矩，转子在电磁转矩的作用下旋转，即将输入的电能转换为机械能输出。

任务 4　三相异步电动机的特性分析

知识导入

想一想

前面学习了交流电动机的哪些特性呢？

相关知识

一、三相异步电动机的工作特性

异步电动机的工作特性是指在额定电压和额定频率运行的情况下，电动机的转速 n、定

子电流 I_s、功率因数 $\cos\varphi_1$、电磁转矩 T、效率 η 等与输出功率 P_2 的关系。

因为异步电动机是感性负载，对电网来说需要考虑功率因数，同时由于是定子励磁、励磁电流与负载电流共同存在于定子绕组中，而转子电流一般不能直接测取，所以只能通过测取输出功率以求取异步电动机的工作特性。

1. 转速特性

异步电动机在额定电压和额定频率下，输出功率变化时转速变化的曲线 $n=f(P_2)$ 称为转速特性。

电动机的转差率 s、转子铜耗 Δp_{Cur} 和电磁功率 P_{em} 的关系式为

$$s = \frac{n_0-n}{n_0} = 1-\frac{n}{n_1} = \frac{\Delta p_{Cur}}{P_{em}} = \frac{m_2 I_r^2 R_r}{m_2 E_r I_r \cos\varphi_2}$$

当电动机空载时，输出功率 $P_2\approx0$，在这种情况下 $I_r\approx0$，转差率 s 与 I_r 成正比，所以 $s\approx0$，转速接近同步转速。负载增大时，转速略有下降，转子电动势增大，所以转子电流 I_r 增大，进而需产生更大一些的电磁转矩与负载转矩相平衡。因此，随着输出功率 P_2 的增大，转差率 s 也增大，而转速稍有下降。为了保证电动机有较高的效率，在一般异步电动机中，转子的铜耗是很小的，额定负载时转差率为 $1.5\% \sim 5\%$，且电动机功率越大，s 越小，相应的转速 $n=(1-s)n_0$ 就越高。

因此，异步电动机的转速特性为一条稍向下倾斜的曲线，如图 3-11 中曲线 1 所示，与并励直流电动机的转速特性极为相似。

2. 定子电流特性

异步电动机在额定电压和额定频率下，输出功率变化时，定子电流的变化曲线 $I_s=f(P_2)$ 称为定子电流特性。异步电动机的定子电流方程式（即磁动势平衡方程式）为

$$\dot{I}_s = \dot{I}_f + (-\dot{I}_r') \tag{3-3}$$

由式（3-3）可知，电动机空载时，转子电流 $\dot{I}_r'\approx0$，此时定子电流几乎全部为励磁电流 $\dot{I}_f$。随着负载的增大，转子转速下降，转子电流增大，定子电流及磁动势也随之增大，抵消了转子电流产生的磁动势，以保持磁动势的平衡。定子电流几乎随所带负载按正比例增加。异步电动机的电流特性如图 3-11 中曲线 2 所示。

3. 功率因数特性

异步电动机在额定电压和额定频率下，输出功率变化时，定子功率因数的变化曲线 $\cos\varphi_1=f(P_2)$ 称为功率因数特性。

由于异步电动机是感性负载，所以对电源来说，异步电动机的功率因数总是滞后的，它必须从电网吸收感性无功功率。空载时，定子电流基本上是励磁电流，主要用于无功励磁，功率因数很低，为 $0.1\sim0.2$。当负载增加时，转子电流的有功分量增加，定子电流的有功分量也随之增加，即可使功率因数提高。在接近额定负载时，功率因数达到最大。由于在空载到额定负载范围内，电动机的转差率 s 很小，而且变化很小，所以转子功率因数角 φ_2 几乎不变。但负载超过额定值时，s 值就会变得较大，因此 φ_2 变大，转子电流中的无功分量增加，因

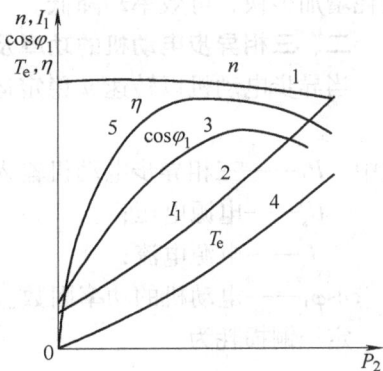

图 3-11 三相异步电动机的工作特性

而使电动机定子功率因数又重新下降。功率因数特性如图 3-11 中曲线 3 所示。

4. 电磁转矩特性

异步电动机在额定电压和额定频率下，输出功率变化时，电磁转矩的变化曲线 $T = f(P_2)$ 称为电磁转矩特性。稳态运行时，异步电动机的转矩平衡方程式为

$$T = T_2 + T_0$$

因为输出功率 $P_2 = T_2\omega$，所以

$$T = T_0 + \frac{P_2}{\omega} \tag{3-4}$$

异步电动机的负载不超过额定值时，转速 n 和角速度 ω 变化很小。而空载转矩 T_0 又可认为基本不变，所以电磁转矩特性近似为一条斜率为 $1/\omega$ 的直线，如图 3-11 中的曲线 4 所示。

5. 效率特性

异步电动机在额定电压和额定频率下，输出功率变化时，效率的变化曲线 $\eta = f(P_2)$ 称为效率特性。根据效率的定义，异步电动机的效率为

$$\eta = 1 - \frac{\sum \Delta P}{P_1} = \frac{P_2}{P_2 + \Delta P_{Cus} + \Delta P_{Fe} + \Delta P_{Cur} + \Delta P_m + \Delta P_{add}} \tag{3-5}$$

式中　η——效率；

P_1——输入功率；

P_2——输出功率；

ΔP_{Cus}——定子铜损耗；

ΔP_{Fe}——定子铁损耗；

ΔP_{Cur}——转子绕组中的铜损耗；

ΔP_m——机械损耗；

ΔP_{add}——附加损耗；

ΔP——总损耗。

异步电动机中的损耗也可分为不变损耗和可变损耗两部分。如图 3-11 中曲线 5 所示，当输出功率 P_2 增加时，可变损耗增加较慢，所以效率上升很快。与直流电动机的效率特性一样，当可变损耗等于不变损耗时异步电动机的效率达到最大值。随着负载继续增加，可变损耗增加很快，可效率却降低。

二、三相异步电动机的功率及功率平衡

当异步电动机以转速 n 稳定运行时，从电源输入的功率为

$$P_1 = 3U_s I_s \cos\varphi_1 \tag{3-6}$$

式中　P_1——三相异步电动机输入功率；

U_s——电源电压；

I_s——电源电流；

$\cos\varphi_1$——电动机的功率因数。

定子铜损耗为

$$\Delta P_{Cus} = 3I_s^2 R_s \tag{3-7}$$

式中　ΔP_{Cus}——定子铜损耗；

I_s——电源电流；

R_s——转子电阻。

正常运行情况下的异步电动机，由于转子转速接近于同步转速，所以其定子气隙旋转磁场与转子铁心的相对转速很小。再加上转子铁心和定子铁心同样是用 0.5mm 厚的硅钢片叠压成，转子铁损耗很小，可以忽略不计，因此异步电动机的铁损耗可近似认为只有定子铁损耗，即

$$\Delta P_{Fe} = \Delta P_{Fes} = 3I_r^2 R_r \tag{3-8}$$

式中　ΔP_{Fe}——电动机的铁损耗；

　　　ΔP_{Fes}——电动机的定子铁损耗；

　　　I_r——励磁电流；

　　　R_r——励磁电阻。

由于传输给转子电路的电磁功率 P_{em} 就等于转子电路全部电阻上的损耗，即

$$P_{em} = P_1 - \Delta P_{Cus} - \Delta P_{Fe} = 3I_r'^2\left[R_r' + \frac{1-s}{s}R_r'\right] = 3I_r'^2\frac{R_r'}{s} \tag{3-9}$$

式中　P_{em}——电磁功率；

　　　P_1——电动机输入功率；

　　　ΔP_{Cus}——定子铜损耗；

　　　ΔP_{Fe}——定子铁损耗；

　　　R_r'——转子绕组一相的电阻；

　　　I_r'——转子绕组上的电流。

电磁功率也可表示为

$$P_{em} = 3E_r'I_r'\cos\varphi_f = m_2 E_r I_r \cos\varphi_2 \tag{3-10}$$

式中　P_{em}——电磁功率；

　　　E_r——转子转速为 n 时，转子绕组的相电动势；

　　　I_r——转子绕组上的电流；

　　　m_2——笼型异步电动机转子绕组一般不是三相，而是 m_2 相；

　　　$\cos\varphi_2$——电动机的功率因数。

转子绕组中的铜损耗为

$$\Delta P_{Cur} = 3I_r'^2 R_r' = sP_{em} \tag{3-11}$$

电磁功率 P_{em} 减去转子绕组中的铜损耗就是等效电阻上的电功率。这部分电功率应该是传输给电动机轴上的机械功率，用 P_m 表示。它是转子绕组中电流与气隙旋转磁感应强度共同作用产生的电磁转矩，带动转子以转速 n 旋转所对应功率为

$$P_m = P_{em} - \Delta P_{Cur} = 3I_r'\frac{(1-s)}{s}R_r' = (1-s)P_{em} \tag{3-12}$$

电动机在运行时，会产生轴承以及风阻等摩擦阻转矩，这也要损耗一部分功率，把这部分功率叫做机械损耗，用 ΔP_m 表示。

在异步电动机中，除了上述各部分损耗外，由于定子、转子开槽和定子、转子磁动势中含有谐波磁动势，还要产生一些附加损耗，用 ΔP_{add} 表示。ΔP_{add} 一般不易计算，往往根据经验估算，在大型异步电动机中，约为输出额定功率的 0.5%；而在小型异步电动机中，满载

时可达输出额定功率的（1% ~ 1.3%）或更大些。

转子的机械功率 P_m 减去机械损耗 ΔP_m 和附加损耗 ΔP_{add}，才是转轴上真正输出的功率，用 P_2 表示，即

$$P_2 = P_m - \Delta P_m - \Delta P_{add} \tag{3-13}$$

因此，可得电源输入电功率 P_1 与转轴上输出功率 P_2 的关系为

$$P_2 = P_1 - \Delta P_{Cus} - \Delta P_{Fe} - \Delta P_{Cur} - \Delta P_m - \Delta P_{add} \tag{3-14}$$

综上分析，异步电动运行时，其功率传递过程可用图 3-12 所示功率流程图来表示。

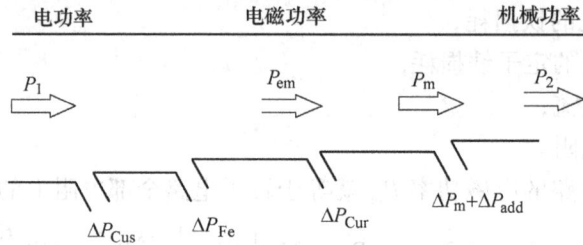

图 3-12 功率流程图

从以上功率关系定量分析中可知，异步电动机运行时电磁功率、转子电路铜损耗和机械功率三者之间的定量关系为

$$P_{em} : \Delta P_{Cur} : P_m = 1 : s : (1 - s) \tag{3-15}$$

式（3-15）说明，若电磁功率 P_{em} 一定时，转差率 s 越小，转子电路铜损耗就越小，机械功率就越大。电动机运行时，若 s 较大，则效率一定较低。

三、三相异步电动机的电磁转矩（简称转矩）

异步电动机的电磁转矩 T 是由旋转磁场的每极磁通 Φ 与转子电流 I_2 相互作用而产生的。电磁转矩的大小与转子绕组中的电流 I 及旋转磁场的强弱有关。经理论证明，它们的关系为

$$T = C_T \Phi I_2 \cos\varphi_2 \tag{3-16}$$

式中　T——电磁转矩；

　　　C_T——电机结构有关的常数；

　　　Φ——旋转磁场每个极的磁通量；

　　　I_2——转子绕组电流的有效值；

　　　φ_2——转子电流滞后于转子电动势的相位角。

若考虑电源电压及电机的一些参数与电磁转矩的关系，式（3-16）修正为

$$T = \frac{C s r_2 U_1^2}{f_1 [r_2^2 + (s X_{02})^2]} \tag{3-17}$$

式中　T——电磁转矩；

　　　C——电动机转矩常数，与电动机结构有关；

　　　U_1——定子绕组的相电压；

　　　r_2——转子每相绕组的电阻；

　　　X_{02}——转子静止时每相绕组的感抗；

　　　s——转差率。

由式(3-17)可知,转矩 T 还与定子每相电压 U_1 的二次方成正比。因此,当电源电压有所变动时,对转矩的影响很大。此外,转矩 T 还受转子电阻 r_2 的影响。

四、三相异步电动机的机械特性

1. 基本概念

三相异步电动机的机械特性是指在定子电压 U_1、转子电阻 r_2、频率和其他参数固定的条件下,电磁转矩 T 与转差率($T=f(s)$),或与转速($n=f(T)$)之间的函数关系,得出的曲线图称为机械特性曲线,如图 3-13 所示。

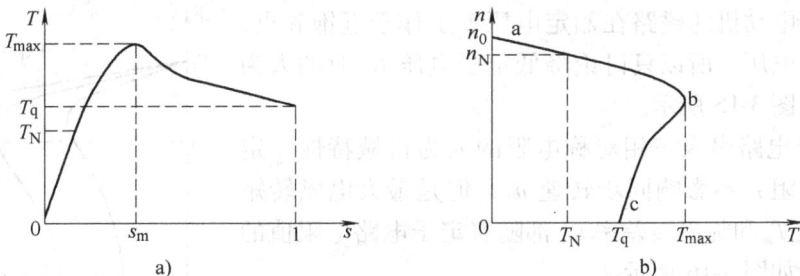

图 3-13 三相异步电动机的机械特性

a) $T=f(s)$ 曲线   b) $n=f(T)$ 曲线

2. 三相异步电动机的固有机械特性

机械特性的表达式 $T=C_{\mathrm{T}}\Phi I_2\cos\varphi_2$,三相异步电动机在电压、频率均为额定值不变时,在定子、转子电路中阻抗不变条件下的机械特性称为固有机械特性。其 T-s 曲线(也即 T-n 曲线)如图 3-14 所示。其中,曲线 1 为电源正相序时的机械特性曲线,此时异步电动机处于正转运行状态;曲线 2 为电源负相序时的机械特性曲线,此时异步电动机处于反转运行状态。

异步电机的机械特性可视为由两部分组成的,即当 $T_{\mathrm{L}} \leqslant T_{\mathrm{N}}$ 时,机械特性近似为直线,称为机械特性的直线部分,又可称为工作部分,因为电动机无论带何种性质的负载均能稳定运行;当 $s \geqslant s_{\mathrm{m}}$ 时,机械特性为一曲线,称为机械特性的曲线部分,有时又称之为非工作部分。但所谓非工作部分是仅对恒转矩负载或恒功率负载而言的,因为电动机这一特性段与这类负载转矩特性的配合,使电力拖动系统不能稳定运行;而对于泵类风机性负载,则在这一特性段上系统却能稳定工作。

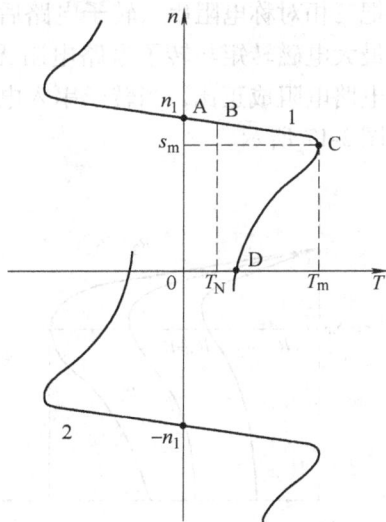

图 3-14 三相异步电动机的固有机械特性

1—正转特性   2—反转特性

三相异步电动机的机械特性在 $0 < s < s_{\mathrm{m}}$ 时,是一条下斜的曲线。根据电力拖动系统稳定工作条件,三相异步电动机拖动恒转矩负载和泵类负载运行时,均能稳定运行。

而在 $s_{\mathrm{m}} < s < 1$ 时,机械特性是曲线上升,如果三相异步电动机拖动恒转矩负载将不能稳定运行。由于这时候转速低,转差率大,转子电动势 $E_{\mathrm{r}}=sE_{\mathrm{r0}}$(式中,$E_{\mathrm{r}}$——转子转速为 n 时,转子绕组的相电动势;s——转差率;E_{r0}——转子不转时转子绕组中感应电动势)比

正常运行时大很多，这将造成转子电流、定子电流均很大，所以不能长期运行。

因此，三相异步电动机稳定运行在 $0 < s < s_m$，长期稳定运行在 $0 < s < s_N$。

3. 人为机械特性

三相异步电动机在改变电源电压、电源频率、定子极对数，或增大定、转子阻抗的情况下，所得到的机械特性称为人为机械特性。

（1）降低定子端电压的人为机械特性　在电磁转矩的参数表达式中，保持其他量都不变，只改变定子电压 U_s 的大小得到的曲线。

由于异步电动机的磁路在额定电压下工作于近饱和点，故不宜再升高电压，所以只讨论降低定子电压 U_s 时的人为机械特性，如图 3-15 所示。

（2）定子电路串入三相对称电阻的人为机械特性　定子电路串入电阻并不影响同步转速 n_1，但是最大电磁转矩 T_m、起动转矩 T_{st} 和临界转差率 s_m 都随着定子电路电阻值的增大而减小，如图 3-16 所示。

（3）定子电路串入三相对称电抗的人为机械特性　定子电路串入三相对称电抗的人为机械特性与串电阻的相似，只是这种情况下电抗不消耗有功功率，而串电阻时电阻消耗有功功率。

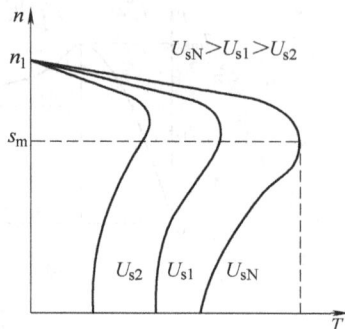

图 3-15　三相异步电动机降低定子端电压的人为特性

（4）转子电路串入三相对称电阻的人为机械特性　三相绕线异步电动机通过集电环，可以把三相对称电阻串入转子电路后再三相短路。转子电路串入电阻并不影响同步转速 n_1。因为最大电磁转矩与转子电路电阻无关，即转子串入电阻后，T_m 不变。由于临界转差率与转子电路电阻成正比，当转子串入电阻后 s_m 增大。转子电路串三相对称电阻的人为机械特性如图 3-17 所示。

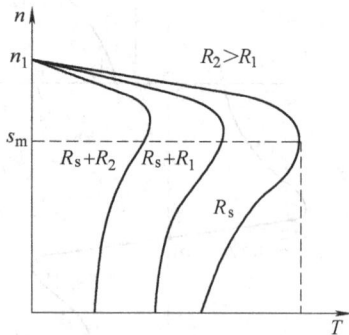

图 3-16　三相异步电动机定子电路串入电阻人为特性

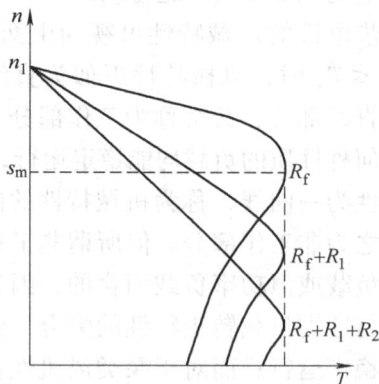

图 3-17　三相异步电动机转子电路串入电阻人为特性

从图 3-17 可以看出，在转子电路中串入合适的电阻，可以增大起动转矩。

$$s_m = \frac{R_r' + R'}{X_s + X_r'} = 1 \tag{3-18}$$

式中　s_m——临界转差率；

R'_r——转子绕组一相的电阻；

R'——转子所串电阻；

X_s——定子电抗；

X'_r——转子绕组一相的电抗。

当所串入的电阻满足式（3-18）时，则有 $T_{st}=T_m$，即起动转矩为最大电磁转矩，其中 $R'=k_e k_i R$。但是若串入转子电路的电阻再增加，则 $s>1$，$T_{st}<T_m$。因此，转子电路串电阻增大起动转矩并非是电阻越大越好，而是有一个限度的。

📚 知识拓展

三相异步电动机的铭牌参数

1. 型号

为了适应不同用途和不同工作环境的需要，电动机制成不同的系列，每种系列用不同的型号表示。

例如 Y90S—4B

Y：三相异步电动机，Y 是三相异步电动机的产品名称代号。（另外，还有 YR 为绕线异步电动机、YB 为防爆型异步电动机、YQ 为高起动转距异步电动机等系列）；90：机座中心高（mm）；S：机座长度代号；4：磁极数。

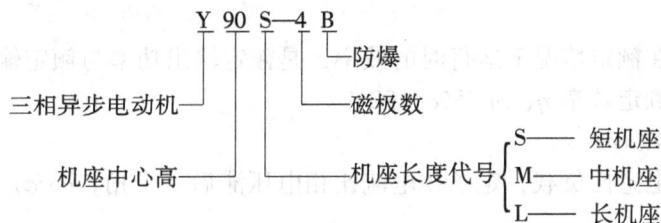

2. 接法

它是指定子三相绕组的连接方式。一般笼型电动机的接线盒中有 6 根引出线，标有 U1、V1、W1、U2、V2、W2。其中，U1、U2 是第一相绕组的首、尾端，V1、V2 是第二相绕组的首、尾端，W1、W2 是第三相绕组的首、尾端。这 6 个引出线端在接电源之前，相互间必须正确连接。连接方法有星形（Y）联结（见图 3-18）和三角形（△）联结（见图 3-19）两种。

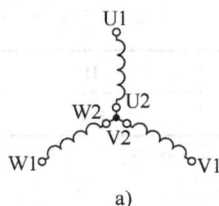

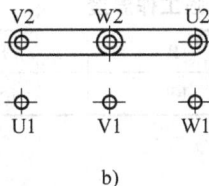

图 3-18 线组星形联结
a）接线原理图 b）接线盒连接图

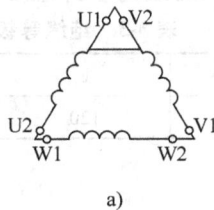

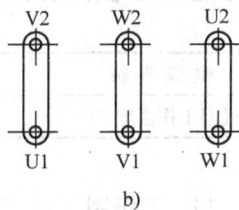

图 3-19 绕组三角形联结
a）接线原理图 b）接线盒连接图

通常三相异步电动机在 3kW 以下一般成星形联结，3kW 以上成三角形联结。

3. 额定功率 P_N

它是指电动机在满载运行时，三相电动机轴上所输出的机械功率，用千瓦表示（kW）。

4. 额定电压 U_N

它是指电动机额定运行时，外加于定子绕组上的线电压，单位为伏（V）。

我国生产的 Y 系列中、小型异步电动机，其额定功率在 3kW 以上的，额定电压为 380V，绕组为三角形联结。额定功率在 3kW 及以下的，额定电压为 380V/220V，绕组为丫联结（即电源线电压为 380V 时，电动机绕组为星形联结；电源线电压为 220V 时，电动机绕组为三角形联结）。

5. 额定电流 I_N

它是指电动机在额定电压和额定输出功率时，定子绕组的线电流，单位为安（A）。

6. 额定频率 f_N

我国电力网的频率为 50 赫兹（Hz），因此除外销产品外，国内用的异步电动机的额定频率为 50Hz。

7. 额定转速 n_N

它是指电动机在额定电压、额定频率下，输出端有额定功率输出时，转子速转的单位为转/分（r/min）。

由于生产机械对转速的要求不同，需要生产不同磁极数的异步电动机，所以有不同的转速等级。最常用的是 4 极异步电动机（$n_0 = 1500r/min$）。

8. 额定效率 η_N

它是指电动机在额定情况下运行时的效率，是额定输出功率与额定输入功率的比值。

异步电动机的额定效率 η_N 为 75% ~ 92%。

9. 额定功率因数 $\cos\varphi_N$

因为电动机是电感性负载，定子相电流比相电压滞后一个角，$\cos\varphi_N$ 就是异步电动机的功率因数。

三相异步电动机的功率因数较低，在额定负载时为 0.7 ~ 0.9，而在轻载和空载时更低，空载时只有 0.2 ~ 0.3。因此，必须正确选择电动机的功率，防止"大马拉小车"，并力求缩短空载的时间。

10. 绝缘等级

它是按电动机绕组所用的绝缘材料在使用时允许的极限温度来分级的。所谓极限温度，是指电动机绝缘结构中最热点的最高容许温度。其技术数据见表 3-3。

表 3-3　绝缘等级与极限工作温度

绝 缘 等 级	A	E	B	F	H
极限工作温度/℃	105	120	130	155	180

11. 工作制

工作制是指三相电动机的运转状态，即允许连续使用的时间，分为连续、短时和周期断续三种。

（1）连续（S1）　连续工作状态是指电动机带额定负载运行时，运行时间很长，电动机的温升可以达到稳态温升的工作方式。

（2）短时（S2）　短时工作状态是指电动机带额定负载运行时，运行时间很短，使电动机的温升达不到稳态温升；停机时间很长，使电动机的温升可以降到零的工作方式。

（3）周期断续（S3） 周期断续工作状态是指电动机带额定负载运行时，运行时间很短，使电动机的温升达不到稳态温升；停止时间也很短，使电动机的温升降不到零，工作周期小于 10min 的工作方式。

12. 防护等级（IP44）

防护等级表示三相电动机外壳的防护等级，其中 IP 是防护等级标志符号，其后面的两位数字分别表示电动机防固体和防水能力。数字越大，防护能力越强。例如，IP44 中第一个数字"4"表示电动机能防止直径或厚度大于 1mm 的固体进入电动机内壳；第二位数字"4"表示能承受任何方向的溅水。

三相异步电动机的额定值标印在每台电动机的铭牌上，如图 3-20 所示。

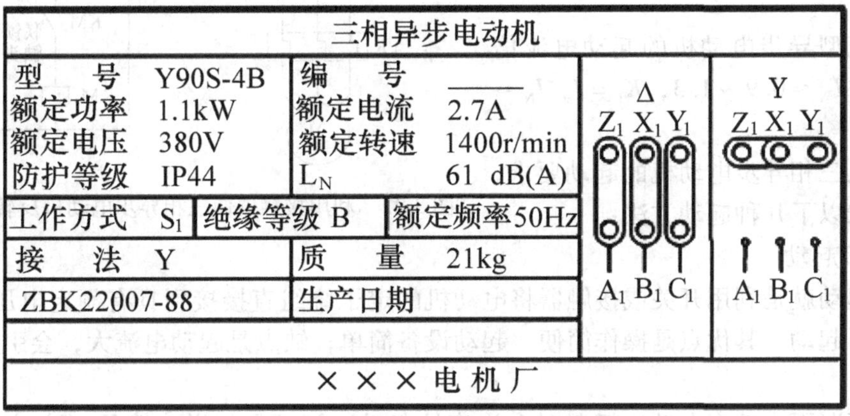

三相异步电动机					
型 号	Y90S-4B	编 号	——	Δ	Y
额定功率	1.1kW	额定电流	2.7A	Z_1 X_1 Y_1	Z_1 X_1 Y_1
额定电压	380V	额定转速	1400r/min		
防护等级	IP44	L_N	61 dB(A)		
工作方式 S_1		绝缘等级 B		额定频率50Hz	
接 法 Y		质 量	21kg	A_1 B_1 C_1	A_1 B_1 C_1
ZBK22007-88		生产日期			
×××电机厂					

图 3-20 电动机铭牌

任务 5 三相异步电动机的运行

知识导入

想一想

空调起动时，白炽灯的亮度有变化吗？为什么？

NEW 相关知识

一、三相异步电动机的反转

电动机的转向取决于旋转磁场方向，而改变旋转磁场的方向，只需改变接入定子绕组的三相交流电电源相序，即电动机任意两相绕组与交流电源接线相互对调。如图 3-21 所示是利用接触器使三相异步电动机反转控制电路。接触器 KM_1 或 KM_2 分别工作时，三相电源相序相反，从而实现了电动机正、反转的转换。

二、三相异步电动机的起动

异步电动机定子绕组接入电网后，转子从静止状态到稳定运行状态的过程，称为异步电动机的起动。

在电力拖动系统中，通常要求电动机应具有足够大的起动转矩，以拖动负载较快地达到稳定运行状态，而起动电流又不要太大，以免引起电网电压波动过大，而影响电网上其他负载的正常工作。因此，衡量异步电动机起动性能的主要指标是起动转矩倍数 K_T 和起动电流倍数 K_I。

一般笼型异步电动机的起动电流倍数 $K_T = T_{st}/T_N \approx 0.9 \sim 1.3$，$K_I = I_{st}/I_N \approx 4 \sim 7$。

为满足三相异步电动机的起动要求，一般可采取以下几种起动方法：

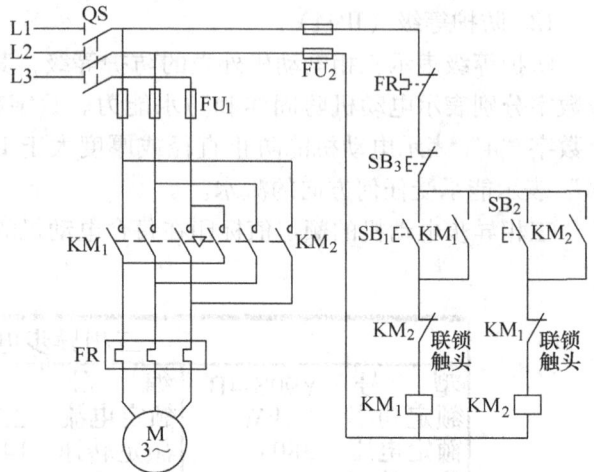

图 3-21　利用接触器使三相异步电动机反转控制电路

1. 直接起动

直接起动就是利用开关或接触器将电动机的定子绕组直接接到具有额定电压的电网上，也称为全压起动。其优点是操作简便、起动设备简单；缺点是起动电流大，会引起电网电压波动。

一般情况下小功率电动机轻载时允许直接起动，问题是怎样才算是"小功率"呢？这不仅取决于电动机本身的大小，而且还与供电电网和供电线路长短有关。一般只要直接起动时的起动电流在电网中引起的电压降不超过 10% ~ 15% 就允许直接起动。

直接起动应满足

$$K_I = \frac{I_{st}}{I_N} \leqslant \frac{3}{4} + \frac{电源总容量（kV \cdot A）}{4 \times 电动机功率（kW）} \qquad (3-19)$$

如果不能满足上述要求，则必须采取适当措施，以限制起动电流。一般功率 7.5kW 以下的异步电动机允许直接起动。

2. 减压起动

若电动机功率较大，起动电流倍数不满足式（3-19），则不能直接起动。此时，若仍是直接起动，起动时的主要问题是起动电流大而电网允许的冲击电流是有限的，对此只有减小起动电流才能予以解决。而对于笼型异步电动机，减小起动电流的主要方法就是降低电压。

降低笼型异步电动机定子绕组的电压来起动的方法，称为减压起动。目的是减小起动电流，但由于起动转矩与电源电压的二次方成正比，所以在减小起动电流的同时，起动转矩也减小了。这说明减压起动方法都会使起动转矩降低，不能用于满负载起动，只适用于轻载或空载起动场合。如驱动容量很大的离心泵、通风机等的电动机起动，往往采用减压起动。采用减压起动的方法有星形-三角形换接起动、自耦减压起动、串电阻起动、延边三角形起动等。

（1）星形-三角形（丫-△）换接起动　丫-△换接起动方法只适用于正常运行时定子绕组接成三角形联结的电动机，其每相绕组均引出 2 个出线端，三相共引出 6 个出线端。在起动时将定子绕组接成星形联结，起动完毕后再换接成三角形联结，其接线原理图如图 3-22 所示。这样，在起动时就把定子每相绕组上的电压降到正常工作电压的 $1/\sqrt{3}$。

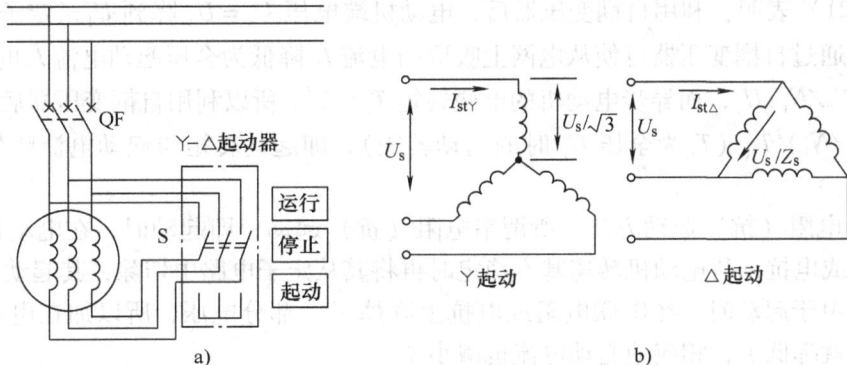

图 3-22　丫-△换接起动接线原理图
a）接线　b）原理图

设起动时接成丫联结的定子绕组的线电压为 U_s，该电压也就是电网电压，则相电压为 $U_s/\sqrt{3}$。这时线电流与相电流相等，则丫联结起动电流为 $I_{st丫} = \dfrac{U_s}{\sqrt{3}Z_s}$；三角形联结时每相绕组的相电压与线电压相等为 U_s，相电流是线电流的 $\sqrt{3}$，即△联结起动电流为 $I_{st△} = \dfrac{\sqrt{3}U_s}{Z_s}$。比较 $I_{st丫}$ 和 $I_{st△}$，即有

$$\frac{I_{st丫}}{I_{st△}} = \frac{1}{3} \tag{3-20}$$

可见，连接成星形联结时的线电流只有连接成三角形联结直接起动时线电流的 1/3。丫-△换接起动的优点是起动设备体积小、成本低、寿命长、检修方便、动作可靠；其缺点是起动电压只能降到全压的 $1/\sqrt{3}$，不能按不同的负载选择不同的起动电压。由于起动转矩与电源电压的二次方成正比，这种起动方法的起动转矩也只有直接起动的 1/3。因此，丫-△换接起动方法只适用于空载或轻载起动。

（2）自耦减压起动　起动方法就是利用三相自耦变压器降低加到电动机定子绕组的电压，以减小起动电流的起动方法，降压起动原理图如图 3-23 所示。采用自耦变压器减压起动时，自耦变压器的一次侧（高压边）接电网，二次侧（低压边）接到电动机的定子绕组上，待其转速基本稳定时，再把电动机直接接到电网上，同时将自耦变压器从电网上切除。

根据变压器原理可知，$U_2/U_1 = I_1/I_2 = N_2/N_1$，设 I_2 为定

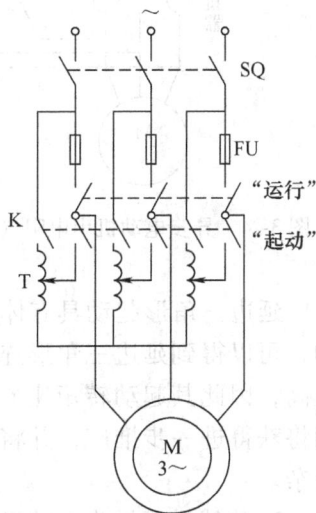

图 3-23　自耦变压器减压起动原理图

子绕组电压为 U_2 时的起动电流，I_{st} 为全压 U_1 时的起动电流，则 $I_2/I_{st} = U_2/U_1$，根据以上两式，可得

$$\frac{I_1}{I_{st}} = \left(\frac{N_2}{N_1}\right)^2 \tag{3-21}$$

式（3-21）表明：利用自耦变压器后，电动机端电压 $U_s = U_2$ 降到 U_1，定子电流 $I_s = I_2$ 也降到 I_{st}，通过自耦变压器可使从电网上吸取的电流 I_1 降低为全压起动电流 I_{st} 的 $(N_2/N_1)^2$。由于 $U_s = (N_2/N_1)U_1$，而异步电动机的电磁转矩 $T_e \propto U_s^2$，所以利用自耦变压器后，起动转矩也降到 $(N_2/N_1)^2 T_{st}$（T_{st} 为全压 U_1 时的起动转矩），即起动转矩与起动电流降低同样的倍数。

（3）串电阻（抗）起动方法　所谓串电阻（抗）起动，即起动时，在电动机定子电路中串联电阻或电抗，待电动机转速基本稳定时再将其从定子电路中切除，其起动原理图如图3-24所示。由于起动时，在串联电阻或电抗上降掉了一部分电压，所以加在电动机定子绕组上的电压就降低了，相应地起动电流也减小了。

该起动方法的优点是起动电流冲击小，运行可靠，起动设备构造简单；缺点是起动时电能损耗较多。

（4）延边三角形起动方法　正常运行时，三角形连接的电动机定子三相绕组共有9个出线端。如起动时将绕组的1、2、3三个出线端接电源；4、5、6三个出线端分别与三个中间出线端8、9、7相连，其起动原理图如图3-25所示。三相绕组连接成延边三角形时，绕组的相电压低于电源电压，且降低值与绕组的中间引出端的抽头比例有关。因此在起动过程中，将定子绕组连接成延边三角形，可使定子绕组的电压降低，同时也能减小起动电流。

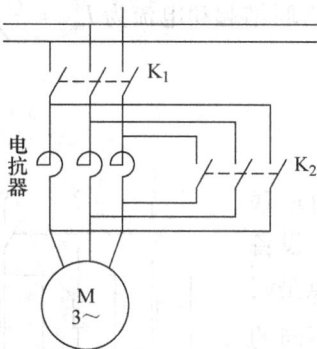

图 3-24　异步电动机串电阻（抗）起动原理图　　　图 3-25　延边三角形起动原理图

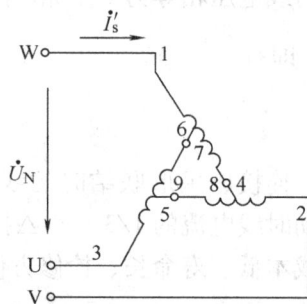

延边三角形起动具有体积小、质量轻、允许经常起动等优点，而且采用不同的抽头比例，可以得到延边三角形连接法的不同相电压，其值比Y-△换接起动时星形联结的电压值高，因此其起动转矩比Y-△换接起动时大，它能用于重载起动。延边三角形起动法预期将获得进一步推广，并将逐步取代自耦降压起动方法。其缺点是电动机内部接线较为复杂。

3. 绕线转子异步电动机的起动

中、大型功率电动机重载起动时，起动的两种矛盾同时起作用，问题最尖锐。如果上述特殊形式的笼型电动机仍不能适用，则只能采用绕线转子异步电动机了。在绕线转子异步电

动机的转子上串联电阻时，如果阻值选择合适，可以既增大起动转矩，又减小起动电流，两种矛盾都能得到解决。三相绕线异步电动机的起动方法通常有转子串联电阻起动和转子串联频敏变阻器起动两种方法。

（1）转子串联电阻起动方法 绕线异步电动机的转子是三相绕组，它通过集电环与电刷可以串联附加电阻，因此可以实现一种几乎理想的起动方法。即在起动时，在转子绕组中串联适当的起动电阻，以减小起动电流，增加起动转矩，待转速基本稳定时，将起动电阻从转子电路中切除，进入正常运行，其原理图如图 3-26 所示。

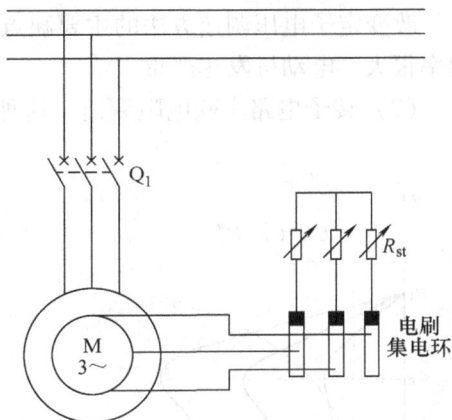

（2）转子串联频敏变阻器起动方法 转子串联电阻起动的绕线异步电动机，当功率较大时，转子电流很大；若起动电阻逐段变化，则转矩变化也较大，对机械负载冲击较大；此外，大功率电动机的控制设备较庞大，操作维护也不方便。如果采用频敏变阻器代替起动电阻，如图 3-27 所示，则可克服上述缺点。频敏变阻器的特点是其电阻值随转速的上升而自动减小，其原理图如图 3-28 所示。

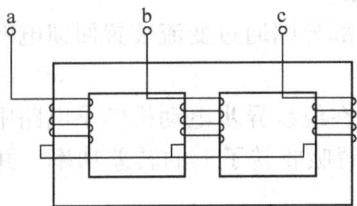

图 3-26 转子串联电阻起动原理图

图 3-27 频敏变阻器

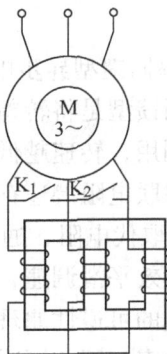

图 3-28 转子串联频敏变阻器起动原理图

三、异步电动机的调速

1. 转差功率消耗型异步电动机调速方法

转差功率消耗型是将全部转差功率都转换成热能消耗掉。它是以增加转差功率的消耗来换取转速的降低（恒转矩负载时），这类调速方法的效率最低。转差功率消耗型调速方法主要有改变定子电压调速法、转子电路串接电阻调速法等。

（1）改变定子电压调速 异步电动机在同步转速 n_1 和临界转差率 s_m 保持不变的情况下，输出转矩与所加定子电压的二次方成正比，即 $T \propto U_s^2$。因此，改变定子电压就可以改变其机械特性的函数关系，从而改变电动机在一定输出转矩下的转速。

对于恒转矩调速，如能增加异步电动机的转子电阻（如绕线转子异步电动机或高转差率笼型异步电动机），则改变电动机定子电压可获得较大的调速范围，如图 3-29 所示。但此时电动机的机械特性太软，往往不能满足生产机械的要求，且低压时的过载能力较低，负载的波动稍大，电动机就有可能停转。对于恒转矩性质的负载，如果要求调速范围较大，往往采用带转速反馈控制的交流调压器，以改善低速时电动机的机械特性。

改变定子电压调速方法的主要缺点是：调速时的效率较低，低速时消耗在转子电路上的功率很大，电动机发热严重。

（2）转子电路串联电阻调速　这种方法只适用于绕线异步电动机，如图3-30所示。

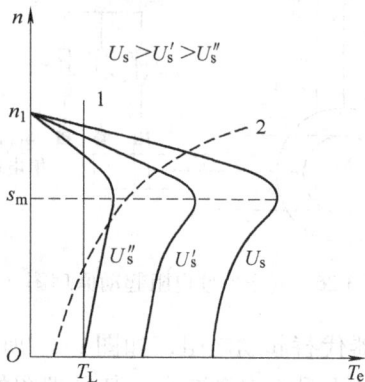

图3-29　改变定子电压调速机械特性

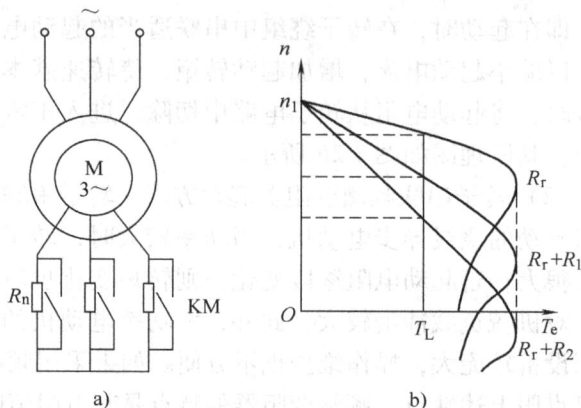

图3-30　转子电路串联电阻

2. 转差功率回馈型异步电动机调速方法——串级调速

转差功率回馈型是将转差功率的一部分消耗掉，大部分则通过变流装置回馈电网或转化成机械能予以利用，转速越低时，回收的功率越多。

针对上述串联电阻调速存在的低效问题，设想如果在绕线异步电动机转子电路中串入附加电动势 E_{add} 来取代电阻，通过电动势这样一种电源装置吸收转子上的转差功率，并回馈给电网，以实现高效平滑调速，这就是串级调速的思想。

根据电动机的可逆性原理，异步电动机既可以从定子输入或输出功率，也可以从转子输入或输出转差功率，因此同时从定子和转子向电动机馈送功率也能达到调速的目的。所以，串级调速又称为双馈调速。

串级调速的原理图如图3-31所示，在绕线异步电动机的三相转子电路中串入一个电压和频率可控的交流附加电动势 E_{add}，通过控制使 E_{add} 与转子电动势 E_r 具有相同的频率，其相位与 E_r 相同或相反。

当电动机转子没有串联的附加电动势，即 $E_{\text{add}}=0$ 时，异步电动机处在固有机械特性上运行。若电动机转子串联附加电动势，即 $E_{\text{add}}\neq0$，这时，由式转子电流 I_r 为

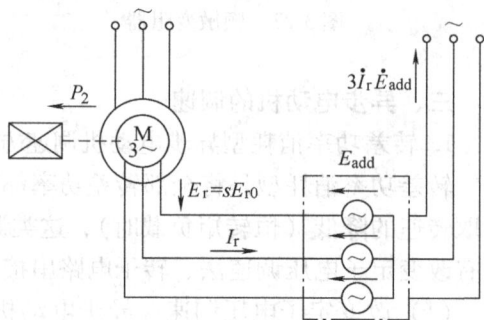

图3-31　转子串附加电动势的串级调速原理图

$$I_r = \frac{sE_{r0} \pm E_{\text{add}}}{\sqrt{R_r^2 + (sX_{r0})^2}}$$

由此可见，可以通过调节 E_{add} 的大小来改变转子电流 I_r 的数值，而电动机产生的电磁转矩 T_e 也将随着 I_r 的变化而变化，使电力拖动系统原有的稳定运行条件 $T_e = T_L$ 被打破，迫使电动机变速。这就是绕线异步电动机串级调速的基本原理。

在串级调速过程中，电动机转子上的转差功率 $P_s = sP_{em}$ 只有一小部分消耗在转子电阻上，而大部分被 E_{add} 吸收，再设法通过电力电子装置回馈给电网。因此，串级调速与串联电阻调速相比，具有较高的效率。

3. 转差功率不变型异步电动机调速方法

转差功率中转子铜损部分的消耗是不可避免的，但由于这类调速方法无论转速高低，转差率均保持不变，所以转差功率的消耗也基本不变，因此效率最高。这类调速方法主要有变极调速和变频调速两种。

（1）变极调速 由于一般异步电动机正常运行时的转差率很小，电动机的转速 $n = (1 - s)n_0$ 主要取决于同步转速 n_0。从 $n_0 = 60f_1/p$ 可知，在电源频率 f_1 保持不变的情况下，改变定子绕组的磁极对数 p，即可改变电动机的同步转速 n_0，从而使电动机的转速 n 也随之改变。改变定子绕组的磁极对数，通常通过改变定子绕组的连接方式来实现。

（2）变频调速 从异步电动机的转速公式 $n = (1 - s)n_0$ 可知，若改变电源频率 f_1，则可平滑地改变异步电动机的同步转速 $n_0 = 60f_1/p$，异步电动机的转速 n 也随之改变，所以改变电源频率可以调节异步电动机的转速。变频调速属于转差功率不变型调速类型，具有调速范围宽、平滑性好等特点，是异步电动机调速最有发展前途的一种方法。随着电力电子技术的发展，许多简单可靠、性能优异、价格便宜的变频调速装置已得到广泛应用。

四、异步电动机的制动

三相异步电动机工作在制动运转状态时，电动机的电磁转矩方向与转子转动方向相反，起着制止转子转动的作用，电动机由轴上吸收机械能，并转换成电能。电动机制动作用有制动停机、加快减速过程和变加速运动为等速运动三种，制动的方法主要有能耗制动、反接制动和回馈制动三种。

1. 异步电动机的能耗制动

如图 3-32 所示，是将转子的动能转换成电能，并消耗在转子电路中，所以称为能耗制动。

采用能耗制动使电动机转速下降为零时，其制动转矩也降为零，因此能耗制动可用于反抗性负载准确停机，也可使位能负载匀速下放。

2. 异步电动机的反接制动

实现异步电动机的反接制动有转速反向反接制动与定子两相对调反接制动两种方法。

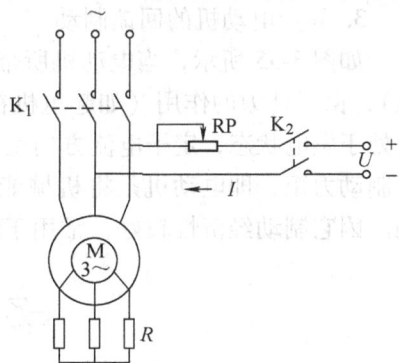

图 3-32 能耗制动

（1）转速反向反接制动 这种反接制动相当于直流电动机的电动势反向反接制动，适用于位能性负载的低速下放，也称为倒拉反接制动，如图 3-33 所示。

（2）定子两相对调反接制动 异步电动机定子两相反接制动也称为电压反接制动，如图 3-34 所示。

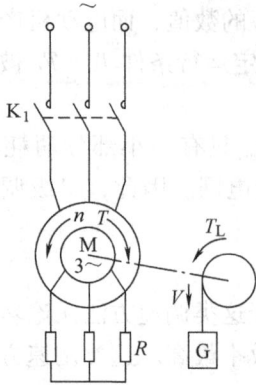

图 3-33　倒拉反接制动

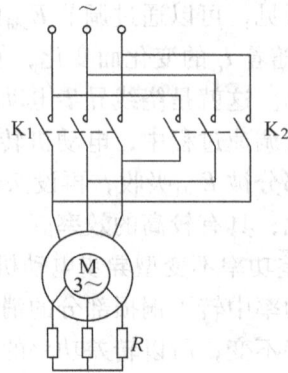

图 3-34　电压反接制动

转速反向反接制动和定子两相对调反接制动，它们虽然实现制动的方法不同，但在能量传递关系上是相同的。这两种反接制动，电动机的转差率都大于1，其机械功率和电磁功率分别为

$$P_2 = 3I_r'^2 \frac{1-s}{s} R_r' < 0$$

$$P_{em} = 3I_r'^2 \frac{R_r'}{s} > 0$$

这表明：与电动机电动运行状态相比，反接制动时机械功率的传递方向相反，此时电动机实际上是输入机械功率，所以异步电动机反接制动时，一方面从电网吸收电能，另一方面从旋转系统获得动能（定子两相对调反接制动）或势能（转速反向反接制动）转化为电能，这些能量都消耗在转子电路中。因此，从能量损失来看，异步电动机的反接制动是很不经济的。

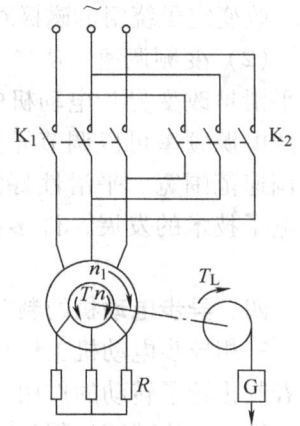

图 3-35　下放重物时的
回馈制动

3. 异步电动机的回馈制动

如图 3-35 所示，当电动机所带负载是位能负载时（如起重机），由于外力的作用（如起重机在下放重物时），电动机的转速 n 超过同步转速 n_1，电动机处于发电状态，定子电流方向反了，电动机转子导体的受力方向也反了，而驱动力矩变成了制动力矩，即电动机是将机械能转化为电能，向电网反送电，这种制动方法称为回馈制动。因它制动经济性较好，常用于起重机、电力机车和多速电动机中。

任务6　认识单相异步电动机

🅘 **知识导入**

😮 **看一看**

┌───┐
　图 3-36 所示这些家用电器都认识吗？你知道它们使用的电动机是哪种吗？
└───┘

由单相交流电源（220V）供电的异步电动机称为单相异步电动机。由于其功率较小，常制成小型电动机，它结构简单、运行可靠、维修方便，应用非常广泛，如家用电器（洗衣机、电冰箱、电风扇）、电动工具（如手电钻）、医用器械、自动化仪表等，如图3-36所示。

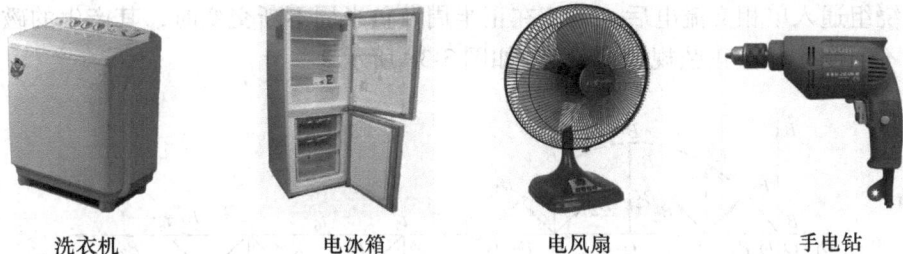

| 洗衣机 | 电冰箱 | 电风扇 | 手电钻 |

图3-36 单相异步电动机的应用

相关知识

一、单相异步电动机的结构

虽然单相异步电动机形式多样，结构各具特点，但就其共性而言，单相异步电动机的主要结构都是由定子、转子和其他部分组成的，如图3-37所示。

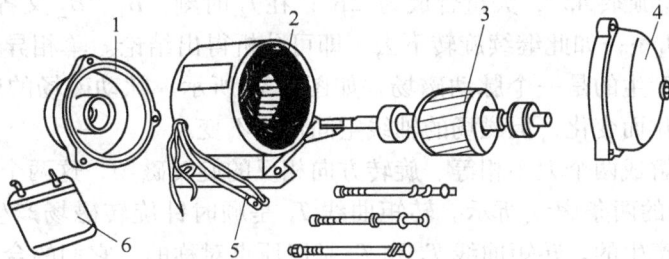

图3-37 单相异步电动机的结构
1—前端盖 2—定子 3—转子 4—后端盖 5—引出线 6—电容器

1. 定子

单相异步电动机的定子与三相异步电动机的相似，包括铁心和绕组。铁心由薄硅钢片叠压而成，绕组一般采用漆包线绕制，但为单相绕组。其主要作用是产生单相异步电动机正常工作所需的磁场。

2. 转子

转子包括铁心、绕组和转轴，铁心由薄硅钢片叠压而成，转子绕组常为铸铝笼型。转子的主要作用与三相异步电动机的相同，是将电能转变成机械能。

3. 其他部分

主要包括机壳、前后端盖、风叶等，其主要作用是支撑固定转轴用以传递转矩和冷却电动机等。

二、单相异步电动机的工作原理

当三相异步电动机的定子三相绕组通入三相交流电时，会形成一个旋转磁场，在旋转磁场的作用下，转子将获得起动转矩而自行起动。当三相异步电动机电源一相断开时，电动机就成了单相运行（也称为两相运行），气隙中产生的就不是旋转磁场，而是脉动磁场。

下面来分析单相异步电动机定子绕组通入单相交流电时产生磁场的情况。单相异步电动机的定子绕组通入单相交流电后，电流在正半周及负半周不断交变时，其产生的磁场大小及方向也在不断变化（按正弦规律变化），如图3-38所示。

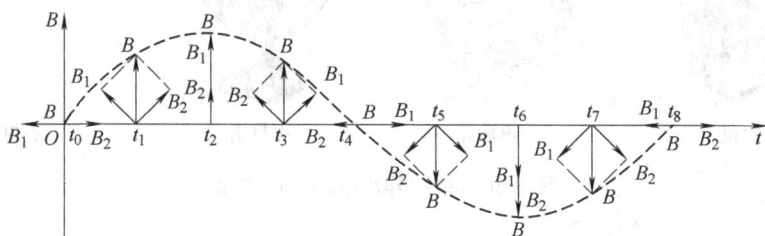

图3-38 单相脉动磁场的分解

可以用矢量分解的方法把这个磁场看成是两个大小相等（$B_1 = B_2$）、旋转方向相反的旋转磁场的合成。在t_0时刻，B_1、B_2正处在反向位置，矢量合成为零；在t_1时刻，B_1顺时针旋转45°，B_2逆时针旋转45°，矢量合成为$\sqrt{2}B_1$；在t_2时刻，B_1、B_2又各转了45°，相位一致，矢量合成为$2B_1$……如此继续旋转下去，即可分析得出结论。单相异步电动机主绕组通入单相交流电时，产生的是一个脉动磁场，如图3-39所示。脉动磁场的磁场方向和强弱随电流的瞬时值的变化而变化，但磁场的轴线空间位置不变。

脉动磁场可分解成两个大小相等、旋转方向相反的旋转磁场，这两个旋转磁场产生的转矩曲线如图3-40中的两条虚线所示。转矩曲线T_1是顺时针旋转磁场产生的，转矩曲线T_2是逆时针旋转磁场产生的。转矩曲线T_1和T_2是以原点对称的，它们的合力矩T是用实线画的曲线，说明单相绕组产生的脉动磁场是没有起动力矩的（当转速$n=0$时，合力矩$T=0$），但起动后电动机就有力矩了（当转速$n\neq0$时，合力矩$T\neq0$），电动机正反向都可转，方向由所加外力方向决定。

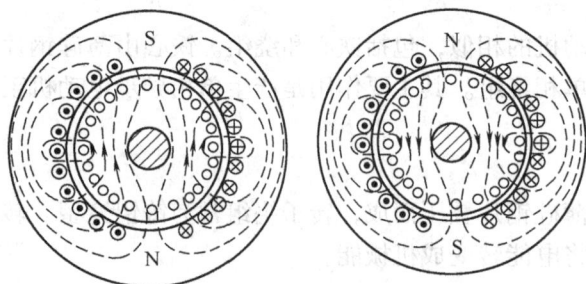

图3-39 单相电动机主绕组的脉动磁场

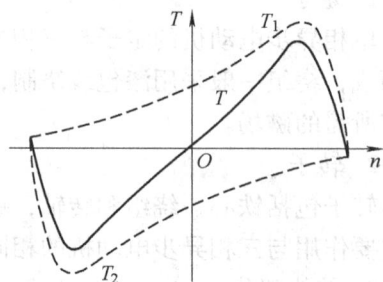

图3-40 单相异步电动机转矩特性

三、单相异步电动机的分类

根据获得起动转矩的方式不同，单相异步电动机主要分为罩极式和分相式两大类。其中，分相式又可分为电阻分相式和电容分相式。

●罩极式　单相罩极式异步电动机，系列号为 YJ。

●电阻分相式　电阻起动单相异步电动机，系列号为 YU。

●电容分相式　又可分为电容运行单相异步电动机，系列号为 YY；电容起动单相异步电动机，系列号为 YC；双值电容单相异步电动机，系列号为 YL。

任务7　认识分相式单相异步电动机

知识导入

看一看

如图 3-41 所示，分相式单相异步电动机的外形与三相异步电动机的外形有何不同？

图 3-41　分相式单相异步电动机

相关知识

分相式电动机常在定子铁心上嵌放两套绕组，一套是主绕组 LZ，长期接通电源工作；另一套是副绕组 LF，以产生起动转矩和固定电动机转向，两套绕组空间位置上相差 90°电角度。

一、单相电容运行异步电动机

单相电容运行异步电动机主绕组 LZ 接近纯电感负载，其电流 I_{LZ} 相位落后电压接近 90°；副绕组 LF 上串联电容器，合理选择电容值，使串联支路电流 I_{LF} 超前 I_{LZ} 约为 90°，电路及绕组上电压、电流的相量图如图 3-42a、b 所示。

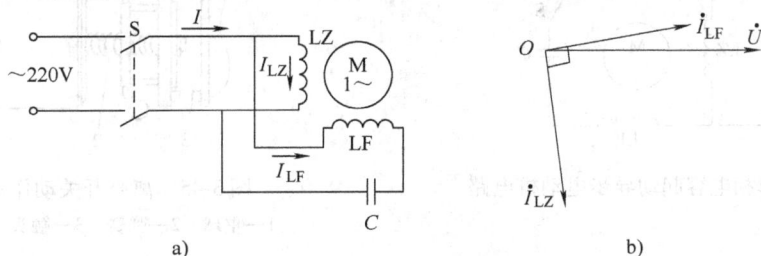

图 3-42　单相电容运行异步电动机原理图

a）电路　b）相量图

通过电容器使两个支路电流的相位不同，所以也称为电容分相。主绕组 LZ 和副绕组 LF 空间位置相差 90°电角度，通入两绕组的电流在相位上相差 90°，两绕组产生的磁动势相等，即产生旋转磁场，如图 3-43 所示。

单相电容运行异步电动机结构简单，使用维护方便，堵转电流小，有较高的效率和功率因数；但起动转矩较小，多用于电风扇、吸尘器等。

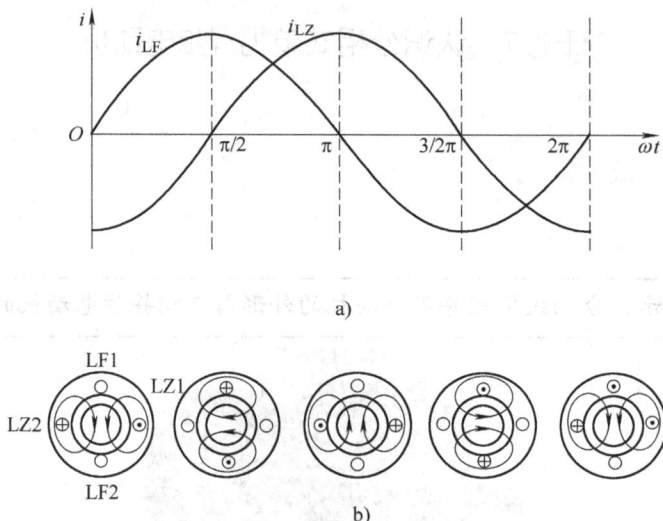

图 3-43　两相旋转磁场的产生
a）电流波形　b）旋转磁场

二、单相电容起动异步电动机

在单相电容运行异步电动机的副绕组中串联一个起动开关 S，就构成了单相电容起动异步电动机，其电路如图 3-44 所示。一般较为常用的是离心开关，如图 3-45 所示。当电动机转子静止或转速较低时，离心开关的两组触点在弹簧的压力下处于接通位置，S 处于闭合位置，副绕组和主绕组一起接在单相电源上，电动机获得起动转矩开始转动。当电动机转速达到 80% 左右的额定转速时，离心开关中的重球产生的离心力大于弹簧的弹力，使两组触点断开，即开关 S 断开，副绕组从电源上切除，此时单靠主绕组的已有较大转矩，拖动负载运行。

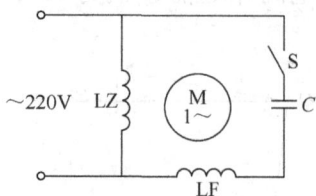

图 3-44　单相电容起动异步电动机电路

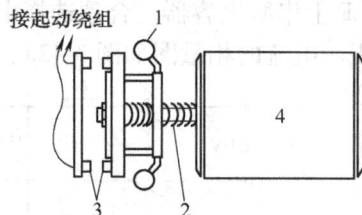

图 3-45　离心开关动作示意图
1—重球　2—弹簧　3—触头　4—转子

单相电容起动异步电动机具有较大起动转矩（一般为额定转矩的 1.5～3.5 倍），但起动电流相应增大，适用于重载起动的设备，例如小型空压机、洗衣机、空调器等。

三、单相电阻起动异步电动机

单相电阻起动异步电动机的结构与单相电容起动异步电动机的相似，其电路如图 3-46 所示。其特点是主绕组匝数多、导线较粗，因此绕组的感抗远大于直流电阻，可近似看成纯电感负载，流过绕组 LZ 中的电流 I_{LZ} 滞后电源电压约 90°；副绕组导线较细，与起动电阻 R 串联，使该支路的总电阻远大于感抗，可近似看成纯电阻性负载，流过绕组 LF 的电流 I_{LF} 与电源电压同相位。电动机起动时两个绕组同时工作，I_{LZ} 和 I_{LF} 的相位相差近似 90°，从而产生旋转磁场，使转子产生转矩而转动，当转速达到 80% 左右的额定转速时，起动开关 S 断开，副绕组从电源上切除。

单相电阻起动异步电动机与前两种电动机比较，节省了起动电容，具有中等起动转矩（一般为额定转矩的 1.2 ~ 2 倍），但起动电流较大。它在电冰箱压缩机中得到广泛应用。

四、双值电容单相异步电动机

双值电容单相异步电动机电路如图 3-47 所示。在副绕组 LF 电路中串入两个并联的电容器 C_1 和 C_2，C_1 为起动电容，容量较大，C_2 为工作电容，容量较小，其中 C_1 串联起动开关 S。起动时 S 闭合，两个电容器同时作用，电动机有较大的起动转矩，当转速上升到一定程度，起动开关将起动电容 C_1 断开，副绕组上只串联工作电容 C_2，电容量减少。双值电容单相异步电动机虽然结构较复杂、成本较高、维护工作较大，但其起动转矩大、起动电流小、功率因数和效率高，适用于空调机、电冰箱、小型空压机和小型机床设备等。

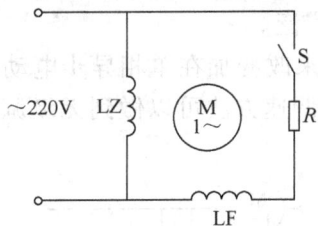

图 3-46 单相电阻起动电动机电路   图 3-47 双值电容异步电动机电路

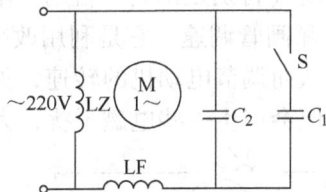

五、分相式单相异步电动机的反转和调速

1. 反转

要想使单相异步电动机反转，必须使旋转磁场反转，其方法有以下两种：

（1）把主绕组或副绕组的首端和尾端与电源的接线对调　因为分相式单相异步电动机的转向是从电流相位超前的绕组向电流相位落后的绕组旋转的，如果把其中的一个绕组反接，等于把这个绕组的电流相位改变了 180°，假若原来这个绕组是超前 90°，则改接后就变成了滞后 90°，所以旋转磁场的方向随之改变。

（2）将电容从一个绕组改接到另一个绕组　这种方法只适用于电容运行单相异步电动机（如洗衣机）。电容器串联在 LZ 绕组上时，电流 I_{LZ} 超前于 I_{LF} 相位约 90°；电容器串联到 LF 绕组上时，则电流 I_{LF} 超前于 I_{LZ} 相位约 90°，从而实现了电动机的反转。这种单项异步电动机的主绕组与副绕组可以互换，所以主绕组、副绕组的线圈匝数、粗细都应相同。

2. 调速

单相异步电动机的主要调速方法一般有绕组抽头调速、串电抗器调速和晶闸管调速等。

（1）绕组抽头调速 利用绕组抽头调速的实质是通过转换开关的不同触点，与事先设计好的绕组的不同抽头连接，在电动机的外部通过抽头的变换增、减主绕组的匝数，从而增、减端电压和工作电流，调节主磁通，使转速发生改变。如图 3-48 所示，电动机定子铁心嵌放有主绕组 LZ、副绕组 LF 和中间绕组 LL，通过开关改变中间绕组与主绕组及副绕组的接法，改变电动机内部气息磁场的大小，使电动机的输出转矩也随之改变，在一定的负载转矩下，电动机的转速也变化。这种调速方式不需要任何附加设备，是目前广泛应用于电风扇和空调器的调速方法。

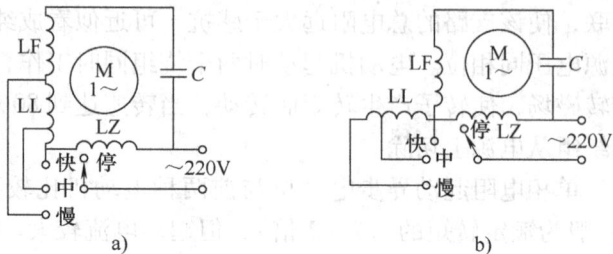

图 3-48　单相电动机绕组抽头调速接线
a）L 形接法　b）T 形接法

（2）串电抗器调速 其电路如图 3-49 所示。其工作原理与电动机绕组抽头调速的相似，是在电动机绕组外面串联有抽头的电抗器，又叫做调速线圈。这实际上是一只感抗很大的铁心线圈，通过转换开关，将不同匝数的电抗器绕组与电动机绕组串联，改变电路的感抗值，从而改变了电动机的主磁通的大小，也就改变了电动机的转速。

串入电动机绕组的电抗器线圈匝数越少，电动机转速越快；反之，则越慢。串电抗器调速在电风扇（特别是吊扇、台扇、落地扇）中用的较为广泛。

（3）晶闸管调速 它是利用改变晶闸管的导通角，来改变加在单相异步电动机上的交流电压，从而调节电动机的转速，如图 3-50 所示。这种调速方法可以做到无级调速，节能效果好，但会产生一些电磁干扰，大量用于风扇调速。

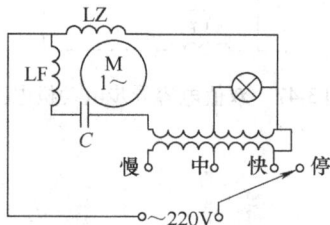

图 3-49　单相电动机串电抗器调速电路

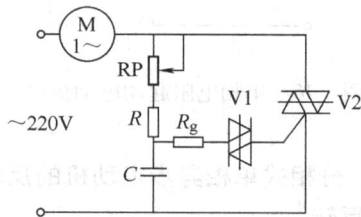

图 3-50　双向晶闸管调速原理图

近年来，随着微电子技术及绝缘栅双极晶体管（IGBT）的迅速发展，作为交流电机主要调速方式的变频调速技术也获得了前所未有的发展。单相变频调速已在家用电器上应用，如变频空调等，它是交流调速控制的发展方向。

任务8　认识单相罩极式异步电动机

知识导入

单相罩极式异步电动机旋转磁场的产生与分相式异步电动机的不同，通过学习本任务来了解单相罩极式异步电动机的基本结构和工作原理。

NEW 相关知识

一、罩极式单相异步电动机的结构

罩极式电动机是单向交流电动机中最简单的一种，根据定子外形结构的不同，又分为凸极式罩极电动机和隐极式罩极电动机，其中凸极式结构最常见，如图3-51所示。

电动机定子铁心通常由厚0.5mm的硅钢片叠压而成，每个磁极极面的1/3处开有小槽，在极柱上套上铜制的短路环，就好像把这部分磁极罩起来一样，所以称为罩极式电动机。定子上的励磁绕组套在整个磁极上，必须正确连接，以使其上、下刚好产生一对磁极。如果是四极电动机，则磁极极性应按N、S、N、S的顺序排列。转子则通常采用笼型斜槽铸铝转子，它是将冲有齿槽的转子冲片经叠装并压入转轴后，在转子的每个槽内铸入铝或铝合金制成的，铸入转子槽内和端部压模内的铝导体形成一个笼型的短路绕组。

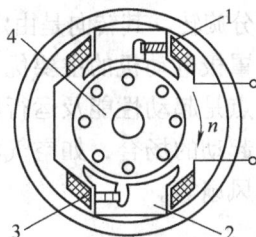

图 3-51　凸极式罩极电动机结构
1—罩极　2—凸极式定子铁心
3—定子绕组　4—转子

二、罩极式单相异步电动机的工作原理

当罩极式电动机的励磁绕组内通入单相交流电时，在励磁绕组和短路铜环的共同作用下，磁极之间形成一个连续移动的磁场，好似旋转磁场一样，从而使笼型转子受转矩作用而转动。

当流过励磁绕组中电流由"0"开始增大时，由电流产生的磁通也随之增大，但在被铜环罩住的一部分磁极中，根据楞次定律可知，变化的磁通将在铜环中产生感应电动势和电流，感应电流产生的磁通阻碍原磁通的增加，从而导致被罩磁极中磁通较小，磁感线较疏，未罩磁极部分磁通较大，磁感线较密，如图3-52a所示。

当电流达到最大值时，电流的变化率近似为"0"，电流产生的磁通虽然最大，但基本不变。这时铜环中基本没有感应电流产生，铜环对整个磁极的磁场无影响，因而整个磁极中的磁通均匀分布，磁感线较均匀，如图3-52b所示。

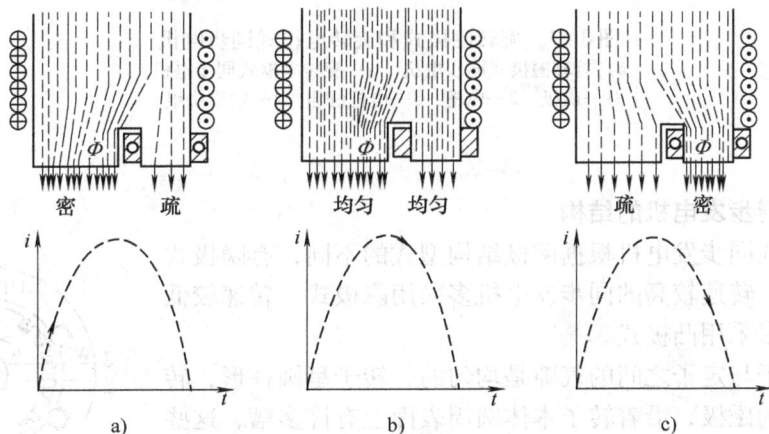

图 3-52　罩极式电动机中磁场的移动原理
a）电流增加　b）电流不变　c）电流减少

当电流由最大值下降时，则电流产生的磁通也随之减小，变化的磁通引起铜环中又有感应电流产生，根据楞次定律，感应电流产生的磁通阻碍原磁通的减小，因而被罩部分磁通较大，磁感线较密，未罩部分磁通较小，磁感线较疏，如图3-53c所示。

可见，罩极电动机磁极的磁通分布在空间上是移动的，由未罩部分向被罩部分移动，好似旋转磁场一样，从而使笼型转子获得起动转矩，并且也决定了电动机的转向是由未罩部分向被罩部分旋转。其转向是由定子的内部结构决定的，改变电源接线不能改变电动机的转向。

罩极电动机的主要优点是结构简单、制造方便、成本低、运行时噪声小、维护方便；主要缺点是起动性能及运行性能较差，效率和功率因数都较低，方向不能改变。常用于小功率空载起动的场合，如空气清新器、增湿机、暖风机、排气扇、各种仪表风扇、计算机后面的散热风扇等。

任务9　认识三相同步发电机

知识导入

看一看

如图3-53所示，找出两图的区别，并仔细观察其组成部分！

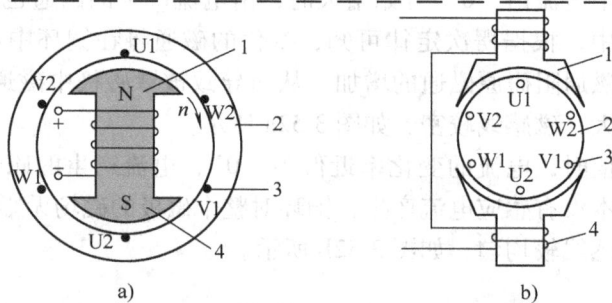

图3-53　旋转磁极式和旋转电枢式同步电机
a）旋转磁极式同步电机　b）旋转电枢式同步电机
1—磁极　2—电枢　3—电枢绕组　4—励磁绕组

相关知识

一、三相同步发电机的结构

旋转磁极式同步发电机根据磁极结构型式的不同，有隐极式和凸极式两种。转速较高的同步发电机多采用隐极式，转速较低的同步发电机多采用凸极式。

隐极式转子与定子之间的气隙是均匀的，转子呈圆柱形，转子上没有凸起的磁极，沿着转子本体圆周表面上有许多槽，这些槽中嵌放着励磁绕组，如图3-54所示。汽轮发电机转子圆周线速度高，为了减少高速旋转引起的离心力，转子做成细长的隐极式圆柱体，加工工艺较为复杂，如图3-55所示。

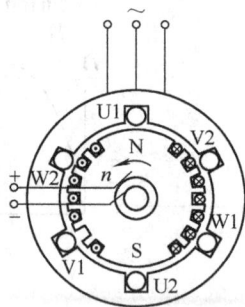

图3-54　隐极式同步发电机

图 3-55 汽轮发电机转子实物图

凸极式转子与定子之间的气隙是不均匀的，极弧底下气隙较小，极间部分较大，凸极式转子上有明显凸出的成对磁极和励磁线圈，如图 3-56 所示。水轮发电机的转速较低，要发出工频电能，转子的极数就比较多，做成凸极式结构的工艺较为简单，如图 3-57 所示。另外，中、小型同步发电机多半也作成凸极式。

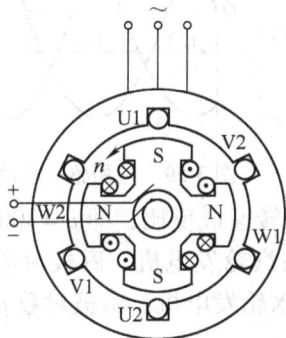

图 3-56 凸极式同步发电机

图 3-57 水轮发电机转子实物图

二、三相同步发电机的工作原理

同步发电机是根据导体切割磁感线产生感应电动势这一基本原理工作的。如图 3-58 所示是一个具有两个磁极的凸极式同步发电机，它的定子和三相异步电动机一样安放着三相对称绕组，转子则是由磁极铁心和套在磁极上的励磁绕组构成的，向励磁绕组通入直流电流后，就会在气隙中产生一个恒定的主磁场。主磁极在原动机的拖动下以同步转速 $n_s = 60f_1/p$ 转动，并顺次切割定子各相绕组，在三相对称的电枢绕组中产生随时间按正弦规律变化的交变感应电动势。

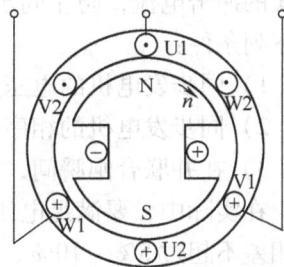

图 3-58 具有两个磁极凸极式同步发电机

由于三相绕组在空间位置上彼此互差 120°电角度，所以三相电枢绕组感应电动势，相位也彼此互差 120°电角度。设 U

相绕组的初相角为零，则三相电动势的瞬时值为

$$e_{U} = E_{m}\sin\omega t \qquad (3\text{-}22)$$

$$e_{V} = E_{m}\sin(\omega t - 120°) \qquad (3\text{-}23)$$

$$e_{W} = E_{m}\sin(\omega t + 120°) \qquad (3\text{-}24)$$

式中　e_{U}——U 相感应电动势瞬时值（V）；

　　　e_{V}——V 相感应电动势瞬时值（V）；

　　　e_{W}——W 相感应电动势瞬时值（V）；

　　　E_{m}——最大值（V）；

　　　ω——角速度（rad/s）；

　　　t——时间（s）。

三相感应电动势的波形如图 3-59 所示，若绕组接上负载，发电机向负载输出三相交流电能，完成机械能向电能的转换。

三相电动势的频率由发电机的磁极对数和转速决定。当转子为一对磁极时，转子旋转一周，电枢绕组中的感应电动势变化一个周期；当发电机有 p 对磁极时，则转子转过一周，感应电动势变化 p 个周期。设转子每分钟转数为 n，则每秒钟旋转 $n/60$ 转，因此感应电动势每秒变化 $pn/60$ 个周期，即电动势的频率 f 为

$$f = \frac{pn}{60} \qquad (3\text{-}25)$$

式中　f——频率（Hz）；

　　　p——磁极对数；

　　　n——转速（r/min）。

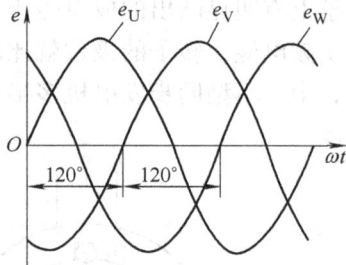

图 3-59　三相感应电动势的波形

我国标准工频为 50Hz，因此同步发电机的磁极对数与转速成反比，即 $p = 3000/n$。汽轮发电机的转速较高，磁极对数少，如转速 $n = 3000\text{r/min}$ 的汽轮发电机，磁极对数 $p = 1$；水轮发电机为转速较低，磁极对数较多，如 $n = 100\text{r/min}$ 的水轮发电机，磁极对数 $p = 24$。

三、三相同步发电机的并联运行

在现代发电厂、发电站中，一般采用多台发电机并联运行，现代电力系统中又把许多水电站和火电站并联起来，形成横跨几个省市或地区的电力网，向用户供电。这样可以减少备用容量，提高供电的可靠性、经济性和灵活性，提高发电效率和质量。

把同步发电机并联至电网的操作称为投入并列，或并列、并车。为了避免在并列时产生巨大的冲击电流，防止同步发电机受到损坏、电网遭受干扰，同步发电机的并联运行必须符合下列条件：

1）同步发电机的电压应与电网的电压有相同的大小、相位、波形和频率。

2）同步发电机的相序应与电网的相序相同。

3）在并联合闸瞬间，发电机与电网之间的电位差为"0"。

在实际中，要满足电压相等、相位相同和频率相同是十分困难的。因此，只要电压有效值相差不超过 5%～10%，频率相差不超过 0.2%～0.5%，相位相差不超过 10°，即可并联合闸。但上述条件中，相序一致是要绝对保证的条件。

📖 知识拓展

同步发电机投入并联的方法

同步发电机投入并联的准备工作是检查并联运行条件和确定合闸时刻。通常用电压表测量电网电压 U，调节发电机的励磁电流使得发电机的输出电压为 U。再借助同步指示器检查，并调整频率和相位以确定合闸时刻。

1. 准整步法

同步发电机投入并联运行时，应符合规定的全部并联条件，称为准同步并联。同步发电机投入并联运行时，如果允许其中的电压、相位与频率存在一定的偏差，称为准整步并联。

为判断是否满足并联运行条件，应采用同步指示器，最简单的同步指示器是同步灯，如图 3-60 所示。

（1）灯光熄灭法 三组指示灯分别接在开关两侧，如图 3-60a 所示。当电压表的读数为"0"，指示灯全部熄灭时，说明开关两侧的电压相等且相位相同，符合并联运行条件，应立即合闸。

（2）灯光旋转法 指示灯的接法如图 3-60b 所示。在相序相同时，灯光依次亮、较亮、熄灭，好像灯光按次序旋转一样。当灯光旋转时，应投入并联。

2. 自整步法

如图 3-61 所示，在相序一致的情况下将同步发电机的励磁绕组通过适当的电阻短接，用原动机把发电机拖动到接近同步转速（相差 2%~5%）。在没有接通励磁电流的情况下将同步发电机投入并联，并立即接通同步发电机的励磁绕组和调节励磁电流，依靠定子磁场和转子磁场之间的电磁转矩将转子拉入同步转速，完成同步发电机并联操作，这种将同步发电机投入并联的方法称作自整步法。

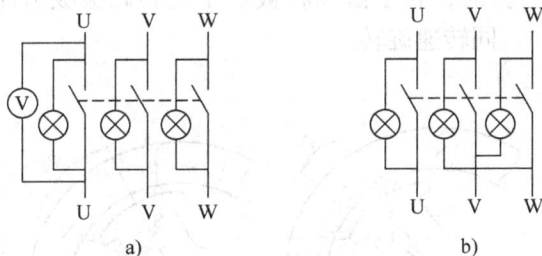

图 3-60 准整步的同步灯接法
a）灯光熄灭法 b）灯光旋转法

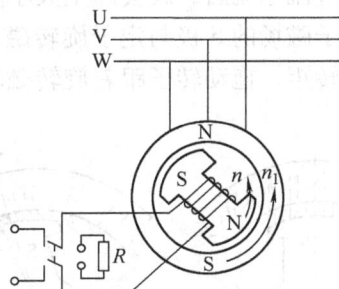

图 3-61 自整步法电路

需要注意的是，在原动机拖动同步发电机到接近同步转速的过程中，发电机的励磁绕组必须通过一限流电阻短接。因为直接开路，将在其中感应出危险的高压；直接短路，将在定子、转子绕组间产生很大的冲击电流。

自整步法的优点是操作简单，方便快捷；缺点是合闸时有冲击电流。这种方法用于事故状态下的并联投入。

任务 10　认识三相同步电动机

知识导入

同步电动机与异步电动机在结构和原理上有着本质的区别，三相同步电动机的结构如图3-62 所示，同步电动机多用来改进供电系统的功率因数。通过对本任务的学习，使学生了解三相同步电动机的基本知识。同步电动机的工作原理和起动方法既是重点又是难点。

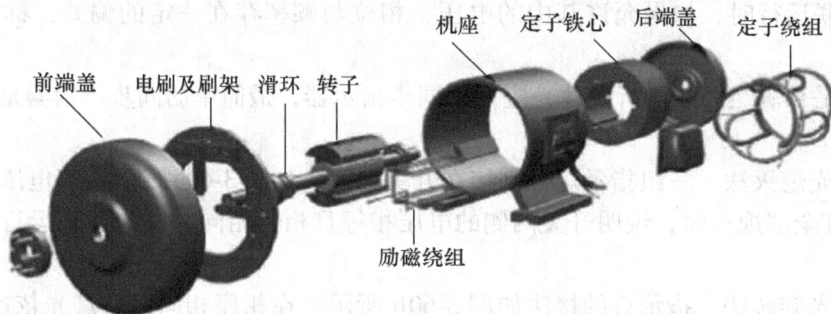

图 3-62　三相异步电动机的结构

相关知识

一、三相同步电动机的工作原理

三相同步电动机的工作原理如图 3-63 所示，向定子的对称三相绕组（又称为电枢绕组）通入对称三相交流电，便会形成旋转磁场，该磁场的转速为同步转速 $n_s = 60f_1/p$。转子励磁绕组接入直流电流后，就会产生大小和极性不变的恒定磁场。根据同性相斥、异性相吸的原理，当转子磁场的 S 极与定子旋转磁场的 N 极对齐时，转子磁场将被定子旋转磁极吸引而产生电磁转矩，拖动转子跟着旋转磁场以同方向、同转速旋转。

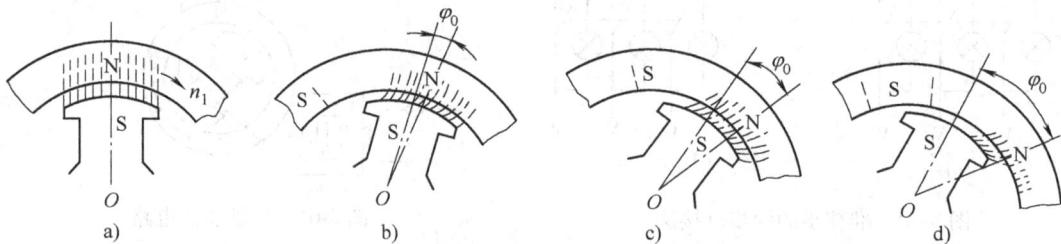

图 3-63　三相同步电动机的工作原理
a）理想空载情形　b）实际空载情形　c）有负载的情形　d）过载的情形

理想空载时，转子磁场与定子旋转磁极处处对正，转子磁场的轴线与定子磁极的轴线重合，如图 3-63a 所示。实际上，在空载时转子的转动总要受到一些阻力，转子磁场总要比定子旋转磁场落后一个小小的角度 φ_0，但转子转速不变，如图 3-63b 所示。转子磁场比定子旋转磁极落后 φ_0，称为功率角。当同步电动机带上负载后，转子磁场仍随定子旋转磁场以相同的转速、相同的方向转动，但功率角 φ_0 会增大，如图3-63c所示。随着同步电动机的负载增加，功率角 φ_0 增大，达到满载时，转子还能以同步速度随定子旋转磁场一起转动。当同步电动机的负载过大，定子旋转磁场对转子磁场的吸引力小于负载对转子的拉力时，转子不能随定子旋转磁极一起转动，电动机停止转动，这种现象称作"失步"，如图3-63d所示。

从上述分析可以看出，电动机运行时，定子磁场拖动转子磁场转动。两个磁场之间存在着一个固定的力矩，这个力矩的存在是有条件的，两者的转速必须相等，即同步才行，所以这个力矩也称为同步力矩。一旦两者的速度不相等，同步力矩也就不存在了，电动机就会慢慢停下来，这种转子的传速与定子磁场的转速不同，造成同步力矩消失，转子慢慢停下来的现象，称为"失步现象"。

发生失步现象时，对定子电流迅速上升是很不利的，但同步电动机的失步事故大多数是由非电动机自身故障的外界扰动引起的，因此，电动机失步时一般没有必要跳闸停机。可以先去掉转子磁场，避免定子和转子磁场之间相互冲突，暂时将同步电动机运行于无励磁异步状态，待扰动消除，带负载后，待整步条件满足时，重新励磁，实现自动再整步。随着电气技术的发展，"灭磁，带载再整步"技术作为失步保护所普遍适应的合理途径必将在工业生产中得到广泛应用。

二、三相同步电动机的起动方法

同步电动机不能自行起动，它必须借助其他设备来完成起动过程。常用的起动方法有异步起动法、调频起动法和辅助起动法三种。

1. 异步起动法

在同步电动机的转子上加装一套类似于异步电动机的笼型副绕组，这样在接通电源时，定子与笼型绕组构成了一台异步电动机，如图3-64所示。

先将开关 QS_2 置于1位置，在同步电动机励磁电路串联一个约10倍于励磁绕组电阻的附加电阻 R_P，使励磁绕组电路闭合；然后闭合开关 QS_1，给定子绕组通入三相交流电，则同步电动机将在副绕组作用下异步起动。

当转速上升到接近于同步转速时，迅速将开关 QS_2 由I位置置于II位置，给转子通入直流电流励磁，依靠定子旋转磁场与转子磁极之间的吸引力，将同步电动机牵入同步速度运行。转子达到同步转速以后，转子笼型副绕组导体与电枢磁场之间就处于相对静止状态，笼型绕组中的导体中就没有感应电流而失去作用，起动过程随之结束。

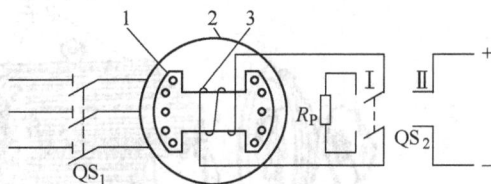

图3-64 同步电动机异步起动电路
1—笼型副绕组 2—同步电动机
3—同步电动机励磁绕组

除高速、大功率同步电动机外，一般情况下，同步电动机的起动大多数采用异步起动法进行起动。异步起动法的特点是起动转矩大、附属设备少、操作简单、维护方便，但要求电网容量大。

2. 调频起动法

同步电动机没有起动转矩的主要原因是旋转磁场的转速高，而转子因惯性而来不及转动。如果在起动时能降低旋转磁场的转速，就能让同步电动机自行起动。可以通过调节接入电枢绕组交流电源频率的方法来控制旋转磁场的转速，以确保在起动过程中旋转磁场与转子转速保持同步。

调频起动法性能虽好，但要求起动技术较为复杂，目前采用不多。调频起动法适用于大功率、高速同步电动机的起动。随着变频技术的发展，调频起动法将更加完善。

3. 辅助起动法

选用一台异步电动机作为辅助电动机，起动时先由异步电动机拖动同步电动机起动，转子转速接近同步转速时，切断异步电动机的电源，同时接通同步电动机的励磁电源，将同步电动机接入电网，完成起动。这种起动方法称作辅助起动法。此法只能用于空载起动，需要一台辅助电动机，设备多，操作复杂，现已基本不采用。

【实训1】 三相异步电动机的拆装

任务准备

三相异步电动机拆装所需设备和工具见表3-4。

表3-4 三相异步电动机拆装所需设备和工具

序号	名　称	数量	单位	序号	名　称	数量	单位
1	三相笼型电动机	1	台	5	钳形电流表	1	块
2	三相交流电源	1	组	6	转速表	1	块
3	万用表	1	块	7	常用拆卸工具	1	套
4	绝缘电阻表	1	块	8	常用电工工具	1	套

任务实施

三相异步电动机的结构如图3-65所示。

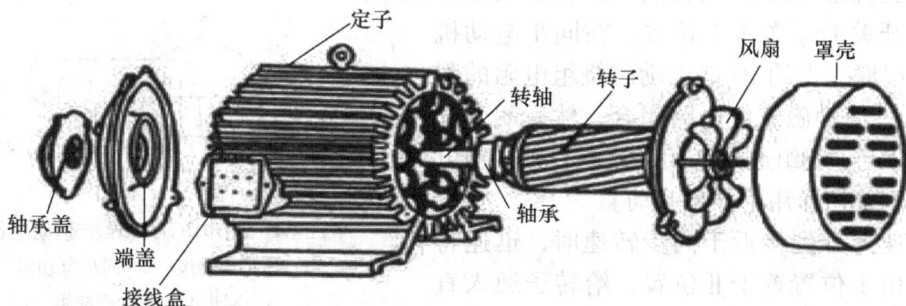

图 3-65 三相异步电动机的结构

三相异步电动机的拆装任务实施步骤如下：

1. 拆前准备

先断开电源，拆除电动机与外部电源的连接线，并标好电源线在接线盒的相序标记，以免安装电动机时搞错顺序。

2. 拆卸流程

拆卸带轮或联轴器；拆风罩，拆风扇；拆前端盖和后端盖螺钉，拆下后在螺钉孔处用画圈作标记；先拆后端盖，再拆前端盖；拆电动机轴承。

3. 安装流程

在转轴上安装轴承、后端盖，可先安装后端盖一侧轴承、后端盖，再安装另一侧轴承；

安装转子，将转子慢慢移入定子中；安装后端盖，再安装前端盖；安装风扇和风罩；安装带轮或联轴器。

检查评议

三相异步电动机的拆装检查评议见表3-5。

表3-5　三相异步电动机的拆装检查评议

班级			姓名		学号		分数		
序号	主要内容	考核要求		评分标准			配分	扣分	得分
1	任务准备	1. 工具、材料、仪表准备完好 2. 穿戴劳保用品		1. 工具、材料、仪表准备不充分，每项扣5分 2. 劳保用品穿戴不齐备，扣10分			20		
2	拆装电动机	1. 工具使用 2. 拆卸操作		1. 电动机拆卸、装配方法不得当，每处扣5分 2. 导线损伤，扣10分 3. 工具使用不正确，扣10分			60		
3	安全文明生产	1. 现场整理 2. 设备、仪表 3. 工具 4. 遵守课堂纪律、尊重老师、时间把握		1. 未整理现场，扣5分 2. 设备仪器损坏，扣10分 3. 工具遗忘，扣5分 4. 不遵守课堂纪律或不尊重老师，取消实训			20		
时间	120min	开始		结束		合计			
备注			教师签字			年　　月　　日			

【实训2】　三相异步电动机定子绕组检测

任务准备

三相异步电动机定子绕组检测所需设备和工具见表3-6。

表3-6　交流电动机定子绕组检测所需设备和工具

序号	名　称	数量	单位	序号	名　称	数量	单位
1	交流电动机	1	台	4	常用电工工具	1	套
2	交流电源	1	组	5	万用表	1	块
3	开尔文电桥	1	台	6	软导线	若干	条

任务实施

三相异步电动机定子绕组实物如图3-66所示。

三相异步电动机定子绕组主要有绕组匝间短路、线圈与线圈之间短路、相间短路等几种故障。常用的检查方法有以下几种：

1. 观察法

1）仔细观察电动机定子绕组，若有烧焦绝缘结构的地方，可能即为短路处。

2）使电动机先空载运行20min（发现异常情况应立即停机），然后拆除端盖。用手摸线圈的尾端，若某一部分线圈比邻近线圈温度高，则此线圈可能短路。

2. 电桥法

用电桥分别测量各相绕组电阻，如果三相电阻相差5%以上，则电阻小的一相绕组有短路问题。

3. 电流检查法

分别测量三相绕组的电流，若三相电流相差5%以上，则电流大的一相一般为短路相。

如被测电动机是双层绕组，则被测槽中有两个线圈，它们分别隔一个线圈节距左、右两槽口都试一下，以便确定短路线圈。

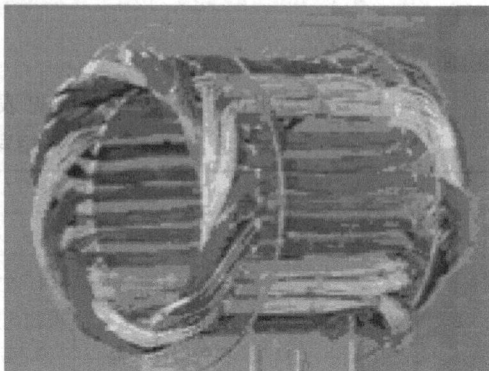

图 3-66　三相异步电动机定子绕组实物

采用上述方法找到一相短路后，采用观察检查，分组淘汰法检查出短路处。最容易短路的地方是同极同相的两相邻线圈间，上、下层线圈间以及线圈的槽外部分。如果能明显看出短路点，可用竹楔插入两线圈间，把这两线圈的槽外部分分开，垫上绝缘层。若短路点发生在槽内，且短路较严重，则大多需更换线圈。

◆ 检查评议

交流电动机定子绕组检测检查评议见表3-7。

表 3-7　交流电动机定子绕组检测检查评议

班级		姓名		学号		分数		
序号	主要内容	考核要求	评分标准			配分	扣分	得分
1	实训准备	1. 工具、材料、仪表准备完 2. 穿戴劳保用品	1. 工具、材料、仪表未准备完好，每项扣5分 2. 未穿戴劳保用品，扣10分			20		
2	绕组检查	1. 观察法检查定子绕组 2. 电桥法检查定子绕组 3. 电流检查法检查定子绕组	1. 仪器仪表使用不正确，扣10分 2. 不能正确检查绕组的好坏，扣15分 3. 不能熟练使用电桥法检测定子绕组，扣15分 4. 检测过程中用工具敲打铁心和绕组，扣30分			60		
3	安全文明生产	1. 整理现场 2. 设备、仪器 3. 工具 4. 遵守课堂纪律，尊重老师，不得延时	1. 未整理现场，扣5分 2. 设备仪器损坏，扣10分 3. 工具遗忘，扣5分 4. 不遵守课堂纪律或不尊重老师，取消实训			20		
时间	20min	开始		结束		合计		
备注			教师签字			年　　月　　日		

【实训3】 实验法演示、验证三相异步电动机工作原理

任务准备

实验法演示、验证三相异步电动机工作原理所需设备和工具见表3-8。

表3-8 实验法演示、验证三相异步电动机工作原理所需设备和工具

序号	名 称	数量	单位	序号	名 称	数量	单位
1	马蹄形磁铁	1	块	4	常用电工工具	1	套
2	带摇把手柄	1	把	5	万用表	1	块
3	支架	1	套	6	软导线	若干	条

任务实施

用实验方法演示、验证三相异步电动机的工作原理实施步骤：

1）按图3-67所示组装。

2）在转子上接上电流表。

3）摇动手柄，观察实验现象。

4）写出实验总结。

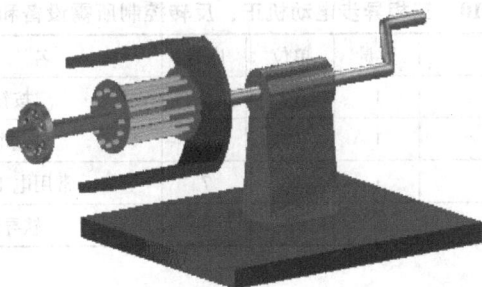

图3-67 实验器具组装图

检查评议

见表3-9所示。

表3-9 异步电动机工作原理实验检查与评议

班级		姓名		学号		分数		
序号	主要内容	考核要求	评分标准			配分	扣分	得分
1	实训准备	1. 工具、材料、仪表准备完 2. 穿戴劳保用品	1. 工具、材料、仪表未准备完好，每项扣5分 2. 未穿戴劳保用品，扣10分			20		
2	绕组检查	1. 元件组装 2. 合理安排	1. 不能独立组装，扣10分 2. 组装顺序安排不合理，扣15分			25		
3	实验验证	通过实验观察现象	未能出现应有现象的，扣10分			15		

（续）

班级			姓名		学号		分数		
序号	主要内容	考核要求		评分标准			配分	扣分	得分
4	总结报告	1. 通过现象总结原理 2. 写出实验报告		1. 总结原理不正确，扣 10 分 2. 没有实验报告，扣 10 分			20		
5	安全文明生产	1. 整理现场 2. 设备、仪器 3. 工具 4. 遵守课堂纪律，尊重老师，不得延时		1. 未整理现场，扣 5 分 2. 设备、仪器损坏，扣 10 分 3. 工具遗忘，扣 5 分 4. 不遵守课堂纪律或不尊重老师，取消实训			20		
时间	15min	开始		结束		合计			
备注			教师签字			年　月　日			

【实训 4】 三相异步电动机正、反转控制实验

任务准备

三相异步电动机正、反转控制所需设备和工具见表 3-10。

表 3-10 三相异步电动机正、反转控制所需设备和工具

序号	名　称	数量	单位	序号	名　称	数量	单位
1	三相笼型电动机	1	台	5	按钮	1	个
2	三相交流电源	1	组	6	热继电器	1	个
3	万用表	1	块	7	常用电工工具	1	套
4	交流接触器	1	个	8	软导线	若干	条

任务实施

三相异步电动机正、反转控制任务实施步骤，按图 3-21 所示进行。

1）开起控制屏上三相电源总开关，按起动按钮，调节调压器输出使 U、V、W 端输出电压为 380V，三只电压表指示应基本平衡。保持自耦调压器手柄位置不变，按停止按钮，自耦调压器断电。

2）电动机三相定子绕组接成△联结；供电线电压为 380V。

3）按正向起动按钮 SB$_1$，电动机正向起动，观察电动机的转向和接触器的运行情况。按停止按钮 SB$_3$，使电动机停转。

4）按反向起动按钮 SB$_2$，电动机反向起动，观察电动机的转向和接触器的运行情况，按停止按钮 SB$_3$，使电动机使电动机停转。

5）按正向起动按钮 SB$_1$，电动机起动后，再去按反向起动按钮 SB$_2$，观察有何情况。

6）实训完毕，将自耦调压器调回零位，按控制屏停止按钮，切断实训线路电源。

检查评议

异步电动机正、反转控制检查评议见表 3-11。

表 3-11 异步电动机正、反转控制检查评议

班级		姓名		学号		分数		
序号	主要内容	考核要求	评分标准			配分	扣分	得分
1	实训准备	1. 工具、材料、仪表准备完 2. 穿戴劳保用品	1. 工具、材料、仪表未准备完好,每项扣5分 2. 穿戴劳保用品,扣10分			20		
2	实验操作	1. 仪表的使用 2. 控制按钮的操作	1. 仪表使用不正确,扣10分 2. 按钮操作不正确,扣10分			20		
3	正确接线	1. 电路接线 2. 电源接线	1. 电路接线不正确,扣10分 2. 电源接线不正确,扣10分			20		
4	通电试车	1. 试验方法 2. 试验步骤	1. 通电试运行方法错误,扣10分 2. 通电试运行步骤错误,扣10分			20		
5	安全文明生产	1. 整理现场 2. 设备仪器 3. 工具 4. 遵守课堂纪律,尊重老师,不得延时	1. 未整理现场,扣5分 2. 设备仪器损坏,扣10分 3. 工具遗忘,扣5分 4. 不遵守课堂纪律或不尊重老师,取消实训			20		
时间	30min	开始	结束		合计			
备注			教师签字			年 月 日		

【实训5】 三相异步电动机的基本测试实验

任务准备

三相异步电动机的基本测试实验所需设备和工具见表 3-12。

表 3-12 三相异步电动机的基本测试实验所需设备和工具

序号	名 称	数量	单位	序号	名 称	数量	单位
1	三相笼型电动机	1	台	6	转速表	1	块
2	三相交流电源	1	组	7	常用拆卸工具	1	套
3	万用表	1	块	8	开尔文电桥	1	台
4	绝缘电阻表	1	块	9	惠斯顿电桥	1	台
5	钳形电流表	1	块				

任务实施

【实验一】 电动机绕组绝缘电阻测试实验

绕组绝缘电阻测试是一项基本实验,主要是判别绕组绝缘结构是否严重受潮或有严重缺陷。在检查实验中,通常只测试电动机在运转前定子、转子绕组的冷态绝缘电阻,包括绕组

相与相之间的绝缘电阻和每相绕组对机壳（对地）的绝缘电阻。对绕线式三相交流异步电动机，需测试转子绕组的绝缘电阻。

1. 绕组绝缘电阻的测量

通常用绝缘电阻表。额定电压低于500V的三相交流异步电动机用500V的绝缘电阻表测量，额定电压在500~3000V的三相交流异步电动机用1000V的绝缘电阻表测量，额定电压大于3000V的三相交流异步电动机用2500V绝缘电阻表测量。测量过程中，绝缘电阻表的转速需保持基本恒定（约120r/min），绝缘电阻表摇测1min后，读出其指针指示的数值。对于额定电压在500V以下的三相交流异步电动机的绝缘电阻应大于0.5MΩ，全部更换绕组的电动机，绝缘电阻应不低于5MΩ。

2. 绕组吸收比的测量

用绝缘电阻表摇测60s得到的绝缘电阻用R_{60}表示，绝缘电阻表摇测15s得到的绝缘电阻用R_{15}表示，把R_{60}/R_{15}称作吸收比系数。大型电动机常用吸收比系数来判断绕组是否受潮，当$R_{60}/R_{15} \geqslant 1.3$时，可认为绕组没有受潮。

【实验二】 电动机温升测试实验

电动机在运行时，各种损耗均转化为热量，使电动机各部分的温度升高。绝缘材料的使用寿命和工作温度密切相关，工作温度越高，绝缘材料的使用寿命就越短。因此，电动机的温升试验是一个重要的试验，超过规定的温升将会影响电动机的使用寿命和可靠性。

所谓温升，是指电动机运行温度与环境温度（或冷却介质温度）的差值。例如，环境电动机未通电的冷却温度）为30°C，运行后电动机绕组温度为100°C，温升为70°C。测量温升的方法常用温度计法和电阻法。

1. 温度计法测温升

先用温度计测量环境温度，再用温度计测量绕组温度，然后计算温升。因水银受电动机中漏磁通的影响使测量的误差增大，所以乙醇温度计。乙醇温度计底部呈圆形且容易破碎，与测量部位接触面太小，需要用锡箔紧裹温度计的玻璃球。对于封闭式电动机，无法将温度计直接贴在绕组上进行测量，可将吊环拆下，在吊环孔中进行测量。

由于温度计测得的温度是表面的温度，比绕组内部的温度大约低10°C，因此，应把测得的温度加上10°C来计算电动机的温升。

2. 电阻法测温升

根据导体的电阻随温度的升高而增大的原理测量温升的方法叫电阻法。试验时，先测量每根绕组在环境温度t_1下的电阻R_1；在电动机额定负载运行后，每隔一段时间测量一次电阻不再增加（即两次测得的电阻值相同）时，记录此时的电阻R_2和环境温度t_2；然后按下式计算温升Δt，即

$$\Delta t = \frac{R_2 - R_1}{R_1}(k + t_1) + (t_2 - t_1)$$

式中，k为与导体材料有关的常数。对于铜，$k = 235$；对于铝，$k = 228$。电动机温升是电动机运行的重要参数之一，超过规定的温升将会影响电动机的使用寿命和可靠性。

【实验三】 电动机绕组耐压测试实验

耐压是指三相交流异步电动机的绕组相与相之间、相与地之间经绝缘材料绝缘后，能承受一定的电压而不被击穿。绝缘老化或绝缘材料受到机械损伤而未形成短路时，用绝缘电阻

表测试绝缘电阻是不能被发现的，只有通过耐压试验才能发现。

耐压试验使用频率为 50Hz 的高压交流电，设试验电压为 U，电动机的额定电压为 U_N，则：

- 中小型以下或额定电压不超过 36V 的电动机试验电压 $U = 500V + 2U_N$；
- 额定电压为 2kV ~ 6kV 的高压电动机试验电压 $U = 2.5U_N$。
- 更换绕组的三相交流异步电动机，试验电压的有效值不超过上述规定的 75%。

绝缘耐压试验按图 3-68 所示进行。

试验时，合上开关 S，电路接通，指示灯 EL_2 亮，调节自耦变压器 T_1 使升压变压器 T_2 输出需要的试验电压。如试验电动机的绝缘结构不击穿，则过电流继电器 K_1 不动作；如试验电动机的绝缘结构被击穿，则 K_1 动作，接通中间继电器 K_2，切断升压变压器电路，同时接通指示灯 EL_1，作为警告。

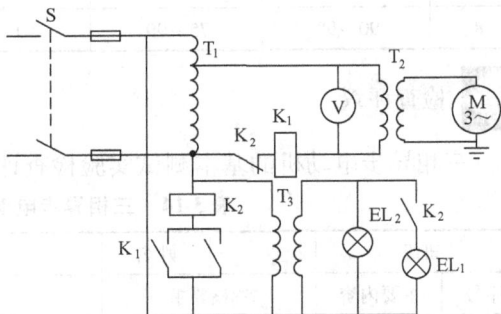

图 3-68　绝缘耐压试验电路

试验时，电压由 $0.5U$ 升高到 U 所用的时间应不少于 10s；若电压升到试验电压后就迅速下降，会使被试验的电动机受冲击电压的影响。电压升到试验电压后，应保持 1min，再将电压降到 $0.5U$ 后切断电源。

【实验四】　电动机的空载试验

空载试验是在三相定子绕组上加入三相平衡的额定电压，让三相交流异步电动机起动空转 1/2h 以上，按图 3-69 所示进行。

1）在空载运行中，测量三相电流的大小，检查三相电流是否平衡。

2）利用自耦变压器 T 来调节加在三相交流异步电动机定子绕组上的电压，用电流表测量空载电流（也可以使电动机运转 1/2h 后，用钳形电流表测量空载电流）。

3）用功率表测量三相功率，由于空载时三相交流异步电动机的功率因数较低，所以最好采用低功率因数功率表进行测量。

注意

在空载试验时，应观察电动机的运行情况；监听有无异常声音，铁心是否过热，轴承的温升及运转是否正常等。对绕线三相交流异步电动机，还应检查电刷有无火花和过热现象。

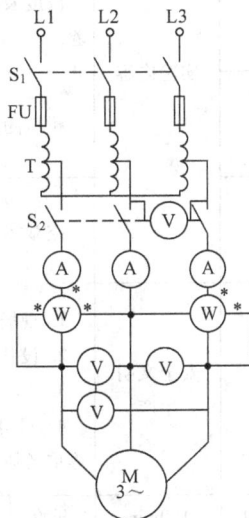

图 3-69　三相交流异步电动机的空载试验电路

表 3-13 列出了一般常用的小型三相交流异步电动机空载电流与额定电流的百分比。按技术条件规定：当三相电源对称时，三相交流异步电动机在额定电压下的三相空载电流，任何一相与平均值的偏差不得大于平均值的 10%。若试验结果电动机的空载电流超出范围较多，则表示定子、转子之间的间隙可能超出允许值，或定子绕组匝数太少；若空载电流过小，表示三相交流异步电动机定子绕组匝数太多，或将三角形联结误接成星形联结，或两路并联误接为一路并联等。

表 3-13　三相交流异步电动机空载电流与额定电流的百分比（%）

极数	功　　率					
	0.125kW 以下	0.55kW 以下	2.2kW 以下	10.0kW 以下	55kW 以下	125kW 以下
2	70~95	50~70	40~55	30~45	23~35	18~30
4	80~96	65~85	45~60	35~55	25~40	20~30
6	85~97	70~90	50~65	35~65	30~45	22~33
8	90~98	75~90	50~70	37~70	35~50	25~35

检查评议

三相异步电动机的基本测试实验检查评议见表 3-14。

表 3-14　三相异步电动机的基本测试实验检查评议

班级		姓名		学号		分数		
序号	主要内容	考核要求	评分标准		配分	扣分	得分
1	任务准备	1. 工具、材料、仪表准备完好 2. 穿戴劳保用品	1. 工具、材料、仪表准备不充分，每项扣5分 2. 劳保用品穿戴不齐备，扣10分		15		
2	实验内容	绝缘电阻实验	1. 仪表使用不正确，扣10分 2. 测量方法和结果不正确，扣5分		20		
3		温度及温升测试实验	1. 仪表使用不正确，扣10分 2. 测量方法和结果不正确，扣5分		20		
4		耐压测试实验	1. 仪表使用不正确，扣10分 2. 测量方法和结果不正确，扣5分		20		
5		空载实验	1. 仪表使用不正确，扣10分 2. 测量方法和结果不正确，扣5分		15		
6	安全文明生产	1. 现场整理 2. 设备、仪表 3. 工具 4. 遵守课堂纪律、尊重老师、时间把握	1. 未整理现场，扣5分 2. 设备仪器损坏，扣10分 3. 工具遗忘，扣5分 4. 不遵守课堂纪律或不尊重老师，取消实训		10		
时间	180min	开始		结束		合计		
备注			教师签字			年　　月　　日		

【实训 6】　三相异步电动机的运行维护及检修

任务准备

三相异步电动机的运行维护及检修所需设备和工具见表 3-15。

表 3-15 三相异步电动机的运行维护与检修所需设备和工具

序号	名 称	数量	单位	序号	名 称	数量	单位
1	三相异步电动机	1	台	7	刷子	1	把
2	万用表	1	块	8	纯铜棒	若干	根
3	绝缘电阻表	1	块	9	煤油	若干	毫升
4	电工常用工具	1	套	10	润滑油	若干	毫升
5	锤子	1	只	11	细砂布	若干	块
6	活扳手	1	只				

任务实施

三相异步电动机在使用前要做很多项检查，以确保运行安全，检查绝缘电阻、电源设备、起动保护设备、安装情况等；在运行中监护要做到听、看、闻、问；如果电动机出了故障，要按照先调查、查看故障现象再根据现象解决的顺序进行。

一、三相异步电动机起动前的检查

对新装的或久未运行的三相交流异步电动机，在使用前必须作以下检查工作。

1. 运行前的检查项目

（1）绝缘电阻 使用前，必须用绝缘电阻表测量电动机各相绕组之间及每相绕组与地（机壳）之间的绝缘电阻，符合绝缘电阻要求的电动机才能使用。如绝缘电阻低于上述要求，应将电动机进行烘干处理，然后再测量，直到达到要求后才可使用。

对绕线三相交流异步电动机，除检查定子绕组的绝缘电阻外，还要检查转子绕组与集电环对地及集电环之间的绝缘电阻；集电环与电刷的表面是否光滑，接触是否良好（接触面积应不少于全面积的 3/4）；电刷压力是否正常（一般压力应为 14.7～24.5kPa）。

（2）电源检查 对照三相交流异步电动机的铭牌数据，检查电动机定子绕组的连接方法是否正确（丫联结还是△联结），电源电压、频率是否合适。

（3）起动、保护设备检查 检查三相交流异步电动机接地装置是否良好，起动、保护设备是否完好，操作是否正常。

（4）安装情况检查 检查内容包括三相交流异步电动机装配是否符合要求，螺栓是否拧紧，轴承是否缺油，联轴器中心是否校正，安装是否正确，机组转动是否灵活，转动时有无卡住和异常声音等。

2. 起动注意事项

1）电动机通电试运行时必须提醒在场人员，不应站在电动机及被拖动设备的两侧，以免旋转物切向飞出造成伤害事故。

2）接通电源前就作好切断电源的准备，以防万一接通电源后，电动机出现不正常的情况时能立即切断电源，如电动机不能起动、起动缓慢、出现异常声音等。

3）笼型三相交流异步电动机采用全压起动时，起动不宜过于频繁，尤其是电动机功率较大时要随时注意电动机的温升情况。

4）绕线三相交流异步电动机在接通电源前，应检查起动器的操作手柄是否已经在"0"位，若不在则应先置于"0"位；接通电源后再逐渐转动手柄，随着电动机转速的提高而逐渐切除起动电阻。

二、三相异步电动机运行中的监护

三相交流异步电动机运行时，要通过听、看、闻等监视电动机，以便三相交流异步电动机出现正常现象时能及时切断电源，排除故障。具体做法如下：

1. 听电动机运行时的声音

电动机正常运行时，发出的声音应该是平稳、轻快、均匀、有节奏的。如果出现尖叫、沉闷、磨擦、撞击、振动等异常声音，应立即停机检查。

2. 看电动机运行时的情况

经常检查、监视电动机的温度，检查电动机的通风是否良好、电动机运行时有无振动、传动装置是否流畅、防护装置有无松散或脱落。对绕线三相交流异步电动机，要经常观察电刷与集电环之间的火花是否正常，如火花过大要及时进行检修。

3. 闻电动机运行时的气味

注意电动机运行时，是否发出焦臭味。如闻到此类气味，说明电动机的温度过高，应立即停机检查原因。

4. 要保持电动机的清洁

特别是接线端和绕组表面的清洁，不允许水滴、油污及杂物落到电动机上，更不能让杂物和水滴进入电动机内部。要定期检修电动机、清扫内部、更换润滑油等。

5. 要定期检查

要定期测量电动机的绝缘电阻，特别是电动机受潮时，如发现绝缘电阻过低，要及时对其进行干燥处理。

三、一般故障及处理

三相交流异步电动机的故障可分为机械故障和电气故障两类。机械故障如轴承铁心、风叶、机座、转轴等的故障，一般比较容易观察和发现。电气故障主要是定子绕组、转子绕组、电刷等导电部分出现的故障。当电动机出现故障时，对电动机的正常运行将带来不利影响。那么，如何通过对电动机在运行中出现的各种不正常现象进行分析，从而找到电动机的故障部位与故障点，是电动机故障处理的关键，也是衡量操作者技术熟练程度的重要标志。

检查电动机故障的一般步骤如下：

1. 调查

首先了解电动机的型号、规格、使用条件及使用年限，以及电动机在发生故障前的运行情况，如所带负荷的多少、温升的高低、有无不正常的声音、操作使用情况等，并认真听取操作人员的反映。

2. 查看故障现象

查看电动机故障情况，方法要灵活。有时可以把电动机接上电源进行短时运转，直接观察故障情况，再进行分析研究；有时电动机不能接上电源，可以通过仪表测量或观察来进行分析判断；也可拆开电动机，观察内部情况，找出其故障所在。

三相交流异步电动机常见故障现象、产生故障可能的原因及检修方法，见表3-16。

表3-16 三相交流异步电动机常见故障现象、产生故障可能的原因及检修方法

常见故障现象	产生原因	检修方法
电源接通电动机不能起动	定子绕组接线错误	检查接线，纠正错误
	定子绕组断路、短路或接地，绕线电机转子断路	找出故障点，排除故障
	负载过重或传动机构被卡住	检查传动机构及负载
	绕线电动机转子电路断开（电刷与集电环接触不良、变阻器断路、引线接触不良等）	找出故障点，并加以修复
	电源电压过低	检查原因并排除
电动机温升过高或冒烟	负载过重或起动过于频繁	减轻负载、减少起动次数
	三相异步电动机断相运行	检查原因，排除故障
	定子绕组接线错误	检查定子绕组接线，加以纠正
电动机温升过高或冒烟	定子绕组接地或匝间、相间短路	查出接地或短路部位加以修复
	笼型电动机转子绕组断相运行	铸铝转子必须更换，铜条转子可修理或更换
	绕线电动机转子绕组断相运行	找出故障点，加以修理
	定子、转子相碰	检查轴承，检查转子是否变形，进行修理或更换
	通风不良	检查通风道是否畅通，对不能反转的电机检查其转向
	电源电压过高或过低	检查原因并排除
电动机振动	转子不平衡	校正转子使其平衡
	带轮不平衡或轴件弯曲	检查并校正
	电动机轴与负载轴中心线不重合	检查、调整机组的轴线
	电动机安装不良	检查安装情况及底脚螺栓
	负载突然加重	减轻负载
运行时声音异常	定子、转子相碰	检查轴承，检查转子是否变形，进行修理或更换
	轴承损坏或润滑不良	更换轴承，清洗轴承
	电动机两相运行	查出故障点并加以修复
	风叶碰机壳	检查并消除故障
电动机转速过低	电源电压过低	检查电源电压
	负载过大	核对负载
	笼型电动机转子断条	修补转子中的断开的导体条
	绕线电动机转子绕组断相	检查电刷压力、电刷与集电环接触情况及转子绕组
电动机外壳带电	接地不良或接地电阻太大	按规定接好地线，消除接地不良
	绕组受潮	进行烘干处理
	绝缘结构有损坏、有脏物或引出线碰壳	修理、进行浸漆处理，消除脏物，重接引出线

◆ **检查评议**

三相异步电动机运行维护及检修的检查评议见表3-17。

表3-17 三相异步电动机运行维护及检修的检查评议

班级		姓名		学号		分数		
序号	主要内容	考核要求		评分标准		配分	扣分	得分
1	任务准备	1. 工具、材料、仪表准备完好 2. 穿戴劳保用品		1. 工具、材料、仪表准备不充分，每项扣5分 2. 劳保用品穿戴不齐备，扣5分		10		
2	接通电源，电动机不转	1. 仪表、工具 2. 准确找出故障点 3. 正确排除故障		1. 仪表、工具使用不正确，扣5分 2. 不能准确找出故障点，扣10分 3. 找出故障点但不能排除，扣10分		20		
3	电动机转速低于正常值	1. 仪表、工具使用正确 2. 准确找出故障点 3. 正确排除故障		1. 仪表、工具使用不正确，扣5分 2. 不能准确找出故障点，扣10分 3. 找出故障点但不能排除，扣10分		20		
4	电动机运行时噪声大或振动过大	1. 仪表、工具使用正确 2. 准确找出故障点 3. 正确排除故障		1. 仪表、工具使用不正确，扣5分 2. 不能准确找出故障点，扣10分 3. 找出故障点但不能排除，扣10分		20		
5	通电试验	试电一次成功		1. 一次试电不成功，扣5分 2. 二次试电不成功，扣10分		20		
6	安全文明生产	1. 现场整理 2. 设备、仪表 3. 工具 4. 遵守课堂纪律、尊重老师、时间把握		1. 未整理现场，扣5分 2. 损坏设备、仪器，扣10分 3. 工具遗忘，扣5分 4. 不遵守课堂纪律或不尊重老师，延误时间等，取消操作		10		
时间	45min	开始		结束		合计		
备注			教师签字		年 月 日			

【实训7】 家用电风扇的拆装

■ **任务准备**

家用电风扇的拆装所需设备和工具见表3-18。

表3-18 家用电风扇拆装所需设备和工具

序 号	名 称	规 格	数 量	单 位
1	家用吊扇		1	台
2	万用表		1	块
3	绝缘电阻表	500V	1	块
4	电工常用工具		1	套
5	锤子		1	只
6	活扳手		1	只
7	刷子		1	把
8	纯铜棒		若干	
9	煤油		若干	
10	润滑油		若干	

任务实施

1. 吊扇电动机的拆卸

1）拆卸前的准备。拆卸前应查看说明书，了解吊扇的基本构造、电动机的型号和主要参数、调速方式、电容器规格等，牢记拆卸步骤；电动机的零部件要集中放置，保证电动机各零部件的完好。

2）拆卸吊扇。拆卸吊扇前应切断交流电源，然后拆下风扇叶，取下吊扇，拆除起动电容器、接线端子及风扇电动机以外的其他附件，如图3-70所示。此时，必须记录下起动电容器的接线方法及电源接线方法。

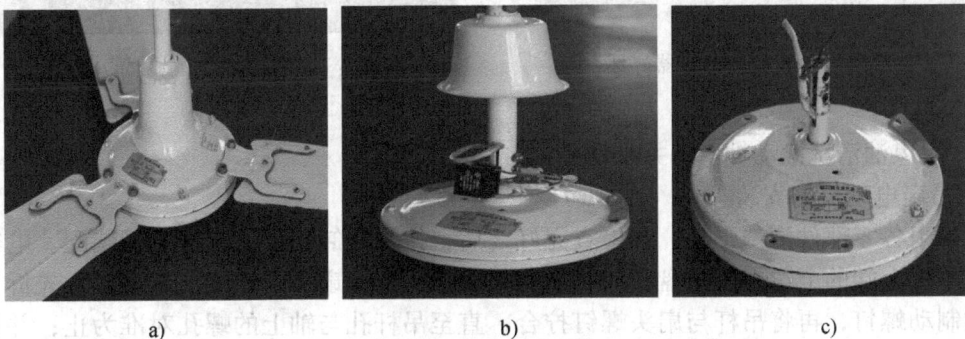

a)   b)   c)

图3-70 吊扇拆卸步骤

3）吊扇电动机的拆卸。拆除上下端盖之间的紧固螺钉，取出上端盖，取出定子铁心和定子绕组组件，使外转子与下端盖脱离，取出滚动轴承，如图3-71所示。

图3-71 吊扇电动机

4）检查电容器的好坏，按图3-72所示进行。

5）测定定子绕组的绝缘电阻，按图3-73所示进行。

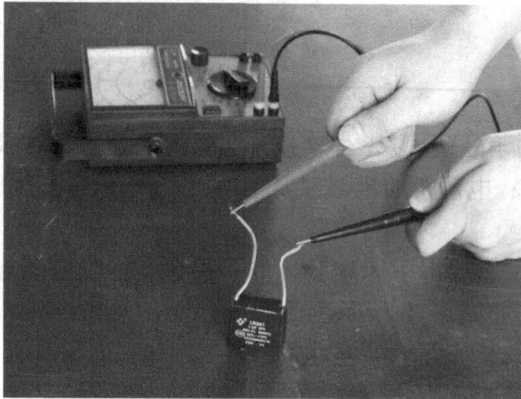

图 3-72　万用表检查电容器好坏

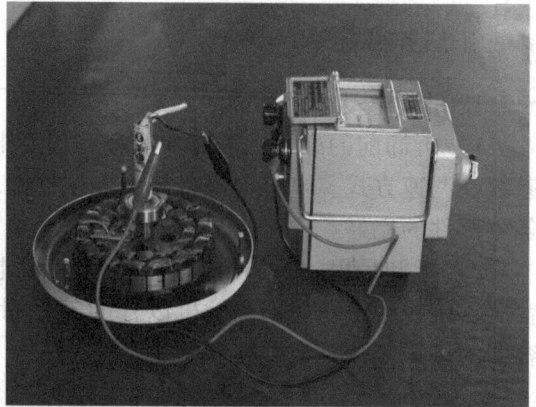

图 3-73　绝缘电阻表测量绝缘电阻

6）用煤油清洗滚动轴承，并加润滑油。

2. 吊扇电动机的安装

将吊扇各零部件清洗干净，并检查完好之后，按与装卸相反的步骤进行装配。电容器倾斜装在吊杆上端的上罩内的吊盘中间，防尘罩套上吊杆，扇头引出线穿入吊杆；先拆去扇头轴上的制动螺钉，再将吊杆与扇头螺钉拧合，直至吊杆孔与轴上的螺孔对准为止；并且将两只制动螺钉装上旋紧，然后握住吊杆拎起扇头，用手轻轻转动看看是否转动灵活。

3. 吊扇电动机装配后的通电试运行

在确认装配及接线无误后方可通电试运行，观察电动机的起动情况及转向与转速。如有调速器，可将调速器接入，观察调速情况。

检查评议

家用电风扇拆装的检查评议见表3-19。

表 3-19　家用电风扇拆装的检查评议

班级			姓名		学号		分数		
序号	主要内容	考核要求		评分标准			配分	扣分	得分
1	任务准备	1. 工具、材料、仪表准备完好 2. 穿戴劳保用品		1. 工具、材料、仪表准备不充分，每项扣5分 2. 劳保用品穿戴不齐备，扣5分			10		
2	电动机拆卸	1. 拆卸步骤 2. 拆卸方法 3. 工具使用		1. 拆卸步骤不正确，每次扣5分 2. 拆卸方法不正确，每次扣5分 3. 工具使用不正确，每次扣5分			20		
3	电动机组装	1. 组装步骤 2. 组装方法		1. 组装步骤不正确，每次扣5分 2. 组装方法不正确，每次扣5分 3. 一次装配后不符合要求，扣20分			30		
4	清洗与检查	1. 清洗轴承 2. 清洗定子内腔 3. 添加润滑油		1. 轴承清洗不干净，扣5分 2. 润滑脂油量过多或过少，扣5分 3. 定子内腔未作除尘记录，扣10分			20		

（续）

序号	主要内容	考核要求	评分标准	配分	扣分	得分
	班级	姓名	学号			分数
5	通电试验	1. 装配完成后通电 2. 试电一次成功	1. 装配未完成通电，扣10分 2. 一次试转不成功，扣5分 3. 二次试转不成功，扣10分	10		
6	安全文明生产	1. 现场整理 2. 设备、仪表 3. 工具 4. 遵守课堂纪律、尊重老师、时间把握	1. 未整理现场，扣10分 2. 损坏设备、仪器，扣10分 3. 工具遗忘，扣10分 4. 不遵守课堂纪律或不尊重老师，延误时间等，取消操作	10		
时间	45min	开始	结束	合计		
备注			教师签字	年 月 日		

【实训8】 电容运行单相电动机正、反转接线

任务准备

电容运行单相电动机正、反转接线所需设备和工具见表3-20。

表3-20 电容运行单相电动机正、反转接线所需设备和工具

序　号	名　　称	数　量	单　位
1	电容运行单相电动机	1	台
2	万用表	1	块
3	电工常用工具	1	套

任务实施

1. 绕组的判别

用万用表欧姆×10或×100挡（根据电动机功率的大小选择，功率大的挡位小）分别测量电动机的主绕组LZ和副绕组LF的出线端（应有两组相通），并将测量结果作好记号。

2. 正确接线

电容运行单相异步电动机（电容运行）正、反转接线，见图3-74所示。

3. 通电试验

检查单相异步电动机接线无误后，接入交流电源，观察电动机状态，如果电动机能够从正转状态转换到反转状态，说明接线正确。若电动机不能正常换向，应用万用表检测各接线端电压是否正确、各接线端接触是否良好等，从而判断并排除故障。

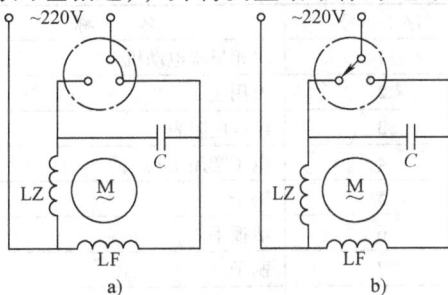

图3-74 电容运行单相异步
电动机正、反转接线
a）单相电动机正转　b）单相电动机反转

◆ 检查评议

电容运行单相电动机正、反转接线的检查评议见表3-21。

表3-21 电容运行单相电动机正、反转接线的检查评议

班级		姓名		学号		分数		
序号	主要内容	考核要求	评分标准			配分	扣分	得分
1	任务准备	1. 工具、材料、仪表准备完好 2. 穿戴劳保用品	1. 工具、材料、仪表准备不充分，每项扣5分 2. 劳保用品穿戴不齐备，扣10分			20		
2	绕组判别	1. 仪器仪表使用 2. 绕组判别	1. 仪表使用不正确，扣10分 2. 不能正确判别各绕组出线端，扣15分			20		
3	正确接线	1. 单相异步电机正、反转接线 2. 电源接线	1. 电动机接线错误，每根扣10分 2. 电源接线错误，每根扣10分			30		
4	通电试验	1. 装配完成后通电 2. 试电一次成功	1. 装配未完成通电，扣10分 2. 一次试转不成功，扣10分 3. 二次试转不成功，扣20分			20		
5	安全文明生产	1. 现场整理 2. 设备、仪表 3. 工具 4. 遵守课堂纪律、尊重老师、时间把握	1. 未整理现场，扣10分 2. 损坏设备、仪器，扣10分 3. 工具遗忘，扣10分 4. 不遵守课堂纪律或不尊重老师，延误时间等，取消操作			10		
时间	25min	开始		结束		合计		
备注				教师签字		年 月 日		

【实训9】 单相异步电动机的常见故障与检修

◆ 任务准备

单相异步电动机的常见故障与检修所需设备和工具见表3-22。

表3-22 单相异步电动机的常见故障与检修所需设备和工具

序 号	名 称	规 格	数 量	单 位
1	单相异步电动机		1	台
2	万用表		1	块
3	绝缘电阻表	500V	1	块
4	电工常用工具		1	套
5	锤子		1	只
6	活扳手		1	只
7	刷子		1	把
8	纯铜棒			若干
9	煤油			若干
10	润滑油			若干
11	细砂布			若干

任务实施

单相异步电动机的维护与三相电动机的类似，即通过听、看、闻、摸等方式随时注意电动机的运行状态，转速是否正常、能否正常起动、温升是否过高、有无杂音或振动、有无焦臭味等，单相异步电动机的常见故障及检修方法见表3-23所示。

表 3-23 单相异步电动机的常见故障及检修方法

故障现象	产生原因	检修方法
接通电源，电动机不转动	电源电压不正常	用万用表检查电源电压是否过低
	电动机定子绕组断路	用万用表检查，接好断路处，并作绝缘处理
	电容器损坏	用万用表检查，如电容器确定损坏应更换
	离心开关触点闭合不上	调整离心开关或更换新弹簧
	转子卡住	检查轴承及润滑脂是否正常，定子与转子是否有相碰。查出后，更换轴承或校正转轴
	电动机过载	减载运行
通电后熔丝熔断，电动机不转	主、副绕组短路或接地	查找短路或接地点，消除短路或接地
	引接线接地	查出后，更换引接线
	电容器损坏	用万用表检查，如电容器确定损坏应更换
	熔丝选择不当	更换合适的熔丝
空载或外力帮助下能起动，但起动慢、转向不定	副绕组断路	用万用表检查，接好断路处，并作绝缘处理
	电容器容量减小	用万用表检查，如确定后应更换
	离心开关触点接触不良	调整离心开关或更换弹簧
电动机转速低于正常值	电源电压偏低	用万用表检查电源电压是否过低
	作绕组短路	查找短路点，在短路点施加绝缘材料
	离心开关触头无法断不开	用细砂布磨光触点，并调整离心开关
	轴承损坏	更换轴承
	主绕组有接线错误	用指南针法查出后，立即改正
	电动机负载过重	减载运行
起动后，电动机很快发热，甚至烧毁	主绕组接地	查找接地点，在接地处施加绝缘材料
	主、副绕组短路	查找短路点，在短路点施加绝缘材料
	离心开关断不开	调整离心开关或更换弹簧
	主、副绕组相互接错	用万用表查出后，立即改正
电动机运行时噪声大或振动过大	主、副绕组短路或接地	查找短路或接地点，消除短路或接地
	转轴变形或转子不平衡	如无法调整，则需要换转子
	轴承、离心开关损坏	更换轴承或离心开关
	轴向间隙太大	查出后，在轴阶处加垫片，以减小轴向间隙
	电动机内部有杂物	打开电动机，将杂物清理干净
电动机外壳带电	定子绕组在槽口处绝缘损坏	寻找绝缘损坏处，再用绝缘材料与绝缘漆加强绝缘
	定子绕组端部与端盖相碰	
	引出线或接线处绝缘损坏与外壳相碰	
	定子绕组槽内绝缘损坏	一般需重新嵌线
电动机绝缘电阻降低	电动机受潮或灰尘较多	拆开后清扫进行烘干处理
	电动机过热后绝缘结构老化	重新浸漆处理

检查评议

单相异步电动机常见故障与检修的检查评议见表3-24。

表3-24 单相异步电动机常见故障与检修的检查评议

班级			姓名		学号		分数	
序号	主要内容	考核要求		评分标准		配分	扣分	得分
1	任务准备	1. 工具、材料、仪表准备完好 2. 穿戴劳保用品		1. 工具、材料、仪表准备不充分，每项扣5分 2. 劳保用品穿戴不齐备，扣5分		10		
2	接通电源，电动机不转	1. 仪表、工具使用正确 2. 准确找出故障点 3. 正确排除故障		1. 仪表、工具使用不正确，扣5分 2. 不能准确找出故障点，扣10分 3. 找出故障点但不能排除，扣10分		20		
3	电动机转速低于正常值	1. 仪表、工具使用正确 2. 准确找出故障点 3. 正确排除故障		1. 仪表、工具使用不正确，扣5分 2. 不能准确找出故障点，扣10分 3. 找出故障点但不能排除，扣10分		20		
4	电动机运行时噪声大或振动过大	1. 仪表、工具使用正确 2. 准确找出故障点 3. 正确排除故障		1. 仪表、工具使用不正确，扣5分 2. 不能准确找出故障点，扣10分 3. 找出故障点但不能排除，扣10分		20		
5	通电试验	试电一次成功		1. 一次试电不成功，扣5分 2. 二次试电不成功，扣10分		20		
6	安全文明生产	1. 现场整理 2. 设备、仪表 3. 工具 4. 遵守课堂纪律、尊重老师、时间把握		1. 未整理现场，扣5分 2. 损坏设备、仪器，扣10分 3. 工具遗忘，扣5分 4. 不遵守课堂纪律或不尊重老师，延误时间等，取消操作		10		
时间	45min	开始		结束		合计		
备注				教师签字		年 月 日		

项目4 特种电机

📖 **项目描述**

　　特种电机在现代生产设备、电子计算机、空间技术及科学研究领域有着广泛的应用。特别是在自控系统中，它们分别作为测量、放大、执行等元件。所以，常将它们称为控制电机，对它们的要求是使用性能优越、运行参数稳定、工作十分可靠。本项目主要学习在自控系统中，使用较为广泛的5种特种电机的理论知识，并熟练掌握相关实训内容。

知识目标

1. 学习伺服电动机、测速发电机、步进电动机的结构、原理及应用。
2. 了解超声波电动机、直线电动机的结构、原理与应用。

能力目标

1. 熟练掌握伺服电动机、测速发电机、步进电动机的实际接线方法。
2. 了解步进电动机常见故障及检修。

任务1　认识伺服电动机

🔍 **知识导入**

🐶 **想一想**

　　伺服电动机（见图4-1）属于控制电机，即将电信号转变成机械运转的角速度或角位移。它具有服从控制信号的要求而动作的职能。思考一下，伺服电动机与普通电动机有什么区别？

图 4-1　伺服电动机实物图

相关知识

伺服电动机的特点：在无信号时，转子静止不动；有信号后，转子立即转动；当信号消失时，转子能即时自行停转。

自控系统中常用的伺服电动机有两大类：以交流电源工作的称为交流伺服电动机，以直流电源工作的称为直流伺服电动机。

一、交流伺服电动机的结构与原理

1. 基本结构

交流伺服电动机由定子和转子等组成，转子有高阻笼型转子和空心杯型转子两种，空心杯型转子为一个薄壁（0.2～0.3mm）非磁性杯，通常由高电阻率和低温度系数的硅锰青铜或锡锌青铜制成，其特点是转子的质量轻、惯性小。它们的结构剖面图如图 4-2 所示。

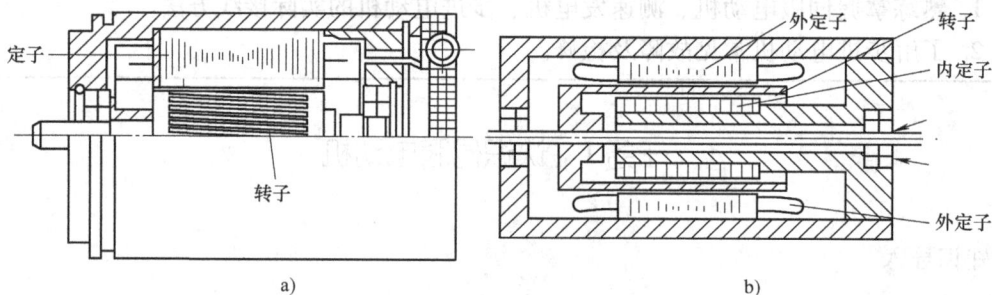

图 4-2　交流伺服电动机的结构剖面图

a）高阻笼型转子　b）空心杯转子

交流伺服电动机定子有内、外定子之分，定子上装有两个绕组，它们在空间相差 90°电角度，如图 4-3 所示。其中绕组 LL 是由定值交流电压励磁，称为励磁绕组；而绕组 LK 是由伺服控制放大器供电的，故称为控制绕组。

2. 基本工作原理

交流伺服电动机的工作原理与单相异步电动机的相似，如图 4-3 所示。当它在系统中运行时，定子励磁绕组接通交流电源后，两绕组将流过相位差为 90°电角度的两相电流，在定子圆周内产生旋转磁场，该旋转磁场切割转子导条产生感应电流，该感应电流与旋转磁场相互作用而产生电磁

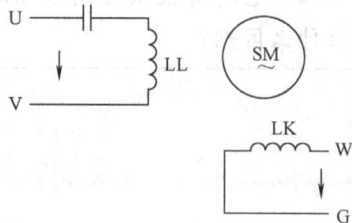

图 4-3　交流伺服电动机原理图

转矩，使转子转动。通过改变控制绕组上的控制电压来控制转子的转动速度，其控制见表 4-1。由于转子的质量轻、惯性小，所以一旦控制信号中断，旋转磁场消失，电动机会立即停转。又由于交流伺服电动机的转子导体采用电阻率较高的材料制成，使机械特性变软，其转矩与控制电压成正比，转速随转矩的增加而近似线性下降，从而提高了电动机的灵敏度。

表 4-1 交流伺服电动机的控制

控制的类别	控制信号的变化
幅值控制	通过调节控制绕组上电压大小来控制电动机的转速
相位控制	保持控制绕组上制电压不变，只调节两个绕组电压的相位角来控制电动机的转速
幅值控制-相位控制	在主绕组中串入合适的电容，通过调节电压幅值和相位来共同控制电动机的转速

二、直流伺服电动机的结构与原理

1. 基本结构

直流伺服电动机实质上是一台他励直流电动机。根据结构的不同可分为电磁式和永磁式，永磁式直流伺服电动机的结构剖面图如图 4-4 所示。

永磁式直流伺服电动机其定子上有永久磁铁制成的磁极，电磁式直流伺服电动机定子由硅钢片冲压而成，磁极和磁轭整体相连。它有励磁绕组（F1、F2）和控制绕组（S1、S2），如图 4-5 所示。

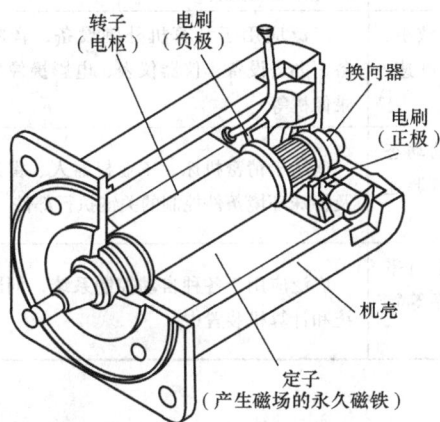

图 4-4 永磁式直流伺服
电动机的结构剖面图

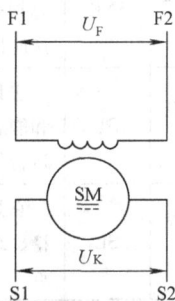

图 4-5 直流伺服电动机绕组示意图

2. 基本工作原理

直流伺服电动机的工作原理和普通直流电动机的相似，励磁绕组通入直流电产生主磁场，当电枢绕组中通入直流电后，电枢电流与主磁场产生的磁通相互作用就会产生电磁转矩使伺服电动机工作。这两个绕组其中一个失电，电动机便会停转，由于直流伺服电动机的结构特点，所以使得它不同于直流电动机在惯性作用下有"自转"现象。改变通入励磁绕组或电枢绕组中的直流电流方向，即可改变电动机的转动方向。直流伺服电动机的控制原理图如图 4-6 所示。

根据直流电动机的转速公式

$$n = E_a / C_e \Phi = (U_a - I_a R_a) / C_e \Phi \tag{4-1}$$

式中　E_a——电枢感应电动势；

　　　n——电动机转速；

　　　Φ——磁场的磁通量；

　　　U_a——电枢电压；

　　　I_a——电枢电流；

　　　R_a——电枢电路电阻；

　　　C_e——电动机结构常数。

可知，改变电枢电压 U_a 或改变磁通 Φ 可控制电动机的转速。前者称为电枢控制，应用较为广泛；后者称为磁场控制，由于磁控式的调节特性有缺陷，所以在实际中很少被采用。

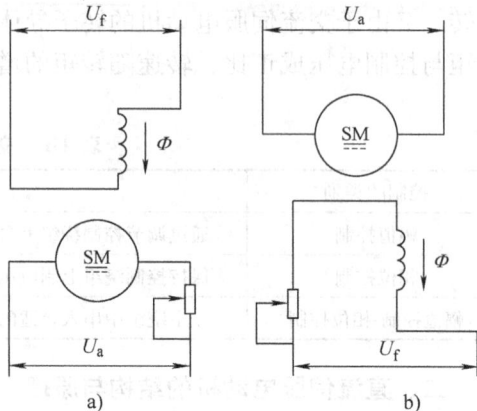

图 4-6　直流伺服电动机控制原理图
a）电枢控制　b）磁极控制

三、伺服电动机的应用

几种直流伺服电动机的应用见表 4-2。

表 4-2　几种直流伺服电动机的应用

电动机名称	型号	性能特点	适用范围
一般直流伺服电动机	SZ	它具有体积小、质量轻、伺服性能好，力能指标高等特点	广泛用于自动控制系统中作执行元件，亦可作驱动元件
杯型电枢永磁直流伺服电动机	SYK	它具有转动惯量和电动机时间常数小、总损耗小、效率高，起动、停止迅速，换向性能好，运行平稳等特点	广泛应用于计算机外围设备，音响设备，办公设备、仪器仪表、电影摄像机和录像机等
永磁交流伺服电动机	ST	它具有良好的控制性能，系统的动态和静态性能好，能够在四个象限宽调速运行等特点	适用于精密机床、工业机器人、雷达以及特殊环境条件控制的关键执行部件
笼型转子交流伺服电动机	SL	它具有良好的可控性，电动机运行平稳、结构简单、成本低、运行可靠等特点	广泛应用于各种自动控制系统，伺服系统和计算机装置中

扩展知识

一、伺服电动机的发展

20 世纪 60～70 年代是直流伺服电动机诞生和全盛发展的时代，直流伺服系统在工业及相关领域获得了广泛的应用，伺服系统的位置控制也由开环控制发展成为闭环控制。在数控机床应用领域，永磁式直流电动机占据统治地位，其控制电路简单、无励磁损耗、低速性能好。

20 世纪 80 年代以来，随着电机技术、现代电力电子技术、微电子技术、控制技术及计算机技术的快速发展，大大推动了交流伺服驱动技术，使交流伺服系统性能日渐提高，与其相应的伺服传动装置也经历了模拟式、数模混合式和全数字化的发展历程。

20 世纪 90 年代开环伺服系统迅速被交流伺服所取代。

进入 21 世纪，交流伺服系统越来越成熟，市场呈现快速多元化发展，国内外众多品牌进入市场竞争。目前，交流伺服技术已成为工业自动化的支撑性技术之一。

我国是从 1970 年开始跟踪开发交流伺服技术，主要研究力量集中在高等院校和科研单位，以军工、宇航卫星为主要应用方向。20 世纪 80 年代之后开始进入工业领域，直到 2000年，国产伺服系统仍停留在小批量、高价格、应用面狭窄的状态，技术水平和可靠性难以满足工业需要。

二、伺服系统及应用

伺服系统是用来精确地跟随或复现某个过程的反馈控制系统。在很多情况下，伺服系统专指被控制量（系统的输出量）是机械位移或位移速度、加速度的反馈控制系统，其作用是使输出的机械位移（或转角）准确地跟踪输入的位移（或转角）。伺服系统的结构和其他形式的反馈控制系统没有原则上的区别。

伺服系统最初用于船舶的自动驾驶、火炮控制和指挥仪中，后来逐渐推广到很多领域，特别是自动车床、天线位置控制、导弹和飞船的制导等，如图 4-7 所示。采用伺服系统主要是为了达到以下几个目的：

1）以小功率指令信号去控制大功率负载。火炮控制和船舵控制就是典型的例子。

2）在没有机械连接的情况下，由输入轴控制位于远处的输出轴，实现远距同步传动。

3）使输出机械位移精确地跟踪电信号，如记录和指示仪表等。

伺服驱动器

伺服电动机

图 4-7 伺服系统

三、特殊场合对特种电机的要求

作为自控系统中的重要元件，控制电机性能好坏影响极大。现代自控系统除要求其体积小、质量轻、耗电少外，还要求其有高可靠性、高精度和快速响应。在一些特殊环境下和特殊系统中工作，还会有以下特别的要求：

1. 高可靠性

可靠性是指电机在所要求的环境和工作状态及规定的时间内良好工作的可能性。在国防和工业系统中，可靠性已有一系列标准与规范。而我们常用平均无故障工作时间来规范可靠性要求。据统计，控制电机故障中约 90% 发生在电刷、集电环、换向器及轴承等方面。有刷直流电机使用寿命仅为 350 ~ 400h，而无刷直流电机使用寿命可达 20000h。因而对某些系统，我们必须对元件提出高可靠性的要求。

2. 高精度

现代自控系统精度越来越高，所以对所用电机的精度也提出了更高、更新的要求，有时其精度对系统有决定性的作用。以角位检测为例，精度较高的以角分衡量，现代高精度系统的精度要求达到数十甚至数个角秒。精度要求：对信号元件而言，它包括静态误差、动态误差和使用环境温度变化、电源频率、电压变化引起的漂移；对功率元件而言，它包括特性的线性度和不灵敏区、步进电机的步距精度等。

3. 快速响应

由于自控系统中主令信号变化很快，所以要求控制电机的特点是功率元件能对信号作出

快速响应。表征快速响应的主要指标是机电时间常数和灵敏度。这些又直接影响系统的动态误差、振荡频率和振荡时间。

任务2 认识测速发电机

知识导入

想一想

> 运动设备的转速如何测量？

测速发电机是一种测量转速的元件，它将输入的机械转速变换为电压信号输出，且输出电压与转速成正比关系，其外形如图4-8所示。

图 4-8 测速发电机外形

相关知识

测速发电机分为直流测速发电机和交流测速发电机两大类，近年还有采用新原理、新结构研制成的霍尔效应测速发电机，见表4-3。

表 4-3 测速发电机的分类

分　类		形式种类	常用型号
测速发电机	直流测速发电机	永磁式直流测速发电机	CY
		电磁式直流测速发电机	ZCF、CD
	交流测速发电机	同步测速发电机	CG
		异步测速发电机	CK、CL
	霍尔效应测速发电机		

一、直流测速发电机的结构与原理

1. 基本结构

从工作原理与结构看，它和直流伺服电动机的基本相同，有独立的励磁磁场或永久磁铁作磁场。按电枢结构不同，可分为有槽式电枢、无槽式电枢、空心杯型电枢和圆盘印制绕组电枢等，常用的是有槽式电枢结构。

2. 基本工作原理

直流测速发电机的工作原理与一般直流发电机的相同，如图 4-9 所示。

当励磁绕组产生恒定磁场，旋转的电枢在恒定磁场中切割磁通，便会在电刷之间产生直流电动势，即

$$E_a = C_e \Phi n \qquad (4\text{-}2)$$

式中　E_a——电刷间电动势；

　　　Φ——电枢磁场；

　　　n——电枢转速。

显然式（4-2）中 C_e 和 Φ 不变时，电刷间电动势 E_a 与电枢转速 n 成正比，改变电枢转动方向，输出电压的极性亦随之改变。从电压的变化可以反映出速度的变化，从而达到测速的目的。其输出特性曲线如图 4-10 所示，不同负载时，所对应的斜率不同。

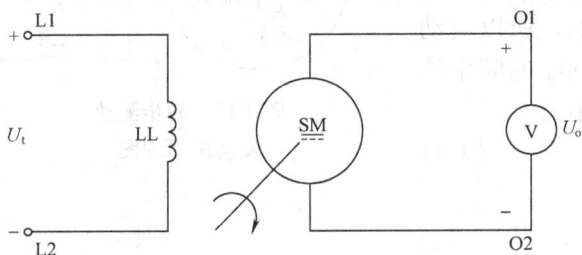

图 4-9　测速发电机原理图

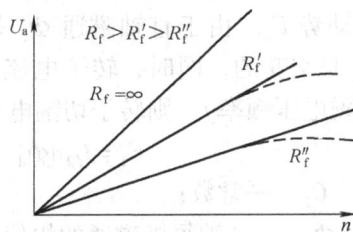

图 4-10　直流测速发电机
输出特性曲线

因直流测速发电机有电刷的存在，则会有接触电压降 ΔU_t，尤其是低速时，这一电压降的非线性使特性出现不灵敏区；加之温度变化会使电阻值增加，使特性改变。可以在励磁绕组电路中串联一较大电阻值的附加电阻解决，使整个支路的电路电阻基本不变，特性可以保持不变，但功耗增大。

二、交流测速发电机的结构与原理

1. 基本结构

交流测速发电机分为同步测速发电机和异步测速发电机。同步测速发电机有永磁式、感应子式和脉冲式。永磁式测速发电机的感应电动势随转速变化的同时，频率也在改变，致使负载阻抗和发电机本身阻抗均随转速而变化，因此，不适宜在自动控制系统中使用，而多作指示计式转速计。感应子式测速发电机，常经桥式整流后输出直流电压作为速度信号而用于自动控制系统。脉冲式测速发电机是以脉冲频率作为输出信号的，其速度分辨率较高，故适用于速度较低的调节系统，特别适用于鉴频锁相稳速系统。

目前，应用较广的是异步测速发电机。异步测速发电机按其结构可分为笼型转子和杯型转子两种。笼型转子异步测速发电机的结构与单相异步电动机相似，其线性度差，相位差较大，剩余电压较高，多用于精度要求不高的系统中。杯型转子与交流空心杯型伺服电动机相似。

异步测速发电机的定子上有两个空间上互差 90°电角度的绕组，其中一个是励磁绕组，接恒频恒压的交流电源；另一个与负载（包括接收器、鉴相器、单片机、PLC、数控系统等）相连，称为输出绕组，作为测速发电机的电压输出端。小功率测速发电机的励磁绕组

和输出绕组都安装在外定子槽中，而功率较大的测速发电机则分装在内、外定子中。内定子由硅钢片叠成，目的是减小磁阻。

2. 基本工作原理

如图 4-11 所示，当电机励磁绕组外加恒频恒压的交流电压 U_f 时，则有励磁电流 I_f，产生了与电源同频率的脉振磁动势 F_d 和相应的脉振磁通 Φ_d，磁通 Φ_d 在空间上沿着励磁绕组轴线方向分布（称为直轴 d 的脉振）磁通。

当 $n=0$，即转子不动时，此磁动势只能在空心杯型转子中感应出变压器电动势。因输出绕组的轴线（称为交轴 q）和直轴 d 空间位置相差 $90°$ 电角度，显然，无感应电动势产生，故输出电压为零。在 $n \neq 0$ 时，即转子转动时，转子切割直轴磁通 Φ_d，因而有切割电动势 E_r。由于直轴磁通 Φ_d 是脉振的，所以电动势 E_r 是交变的，同时，转子电流及磁通 Φ_d 的频率均为励磁电压频率 f，则转子切割电动势大小为

$$E_r = C_2 n \Phi_d \tag{4-3}$$

图 4-11 异步测速
发动机原理图

式中 C_2——常数；

Φ_d——d 轴每极磁通的幅值。

若直轴每极磁通幅值不变，则电动势 E_r 与转速 n 成正比。整个杯型转子可认为是短路绕组，E_r 必会产生电流，转子中电流 I_r 产生脉振频率为 f 的磁动势 F_r，如图 4-11 所示。该磁动势 F_r，可分解为两个空间分量，即直轴分量 F_{rd} 和交轴分量 F_{rq}，而 F_{rd} 影响励磁磁动势，使励磁电流发生变化。而 F_{rq} 产生了 Φ_q 磁通，该交轴磁通空间位置与输出绕组在轴线方向上一致，它将在输出绕组中感应出频率为 f 的变压器电动势 E_2，即测速发电机的输出电动势。则

$$E_2 \propto \Phi_q \propto n \tag{4-4}$$

于是得到异步测速发电机的输出电动势 E_2 或输出电压 U_2，其频率为 f 与转子转速 n 大小无关。

实际生产中，测速发电机的制造工艺、材料等都会影响输出电压与转子转速间的线性关系。为了减小误差，常采用减少定子漏阻抗和增大转子电阻的方法，除此之外，还可以采用提高同步转速的方法。关于增大转子电阻的方法，如前所述，用高电阻率的材料做杯型转子，如图 4-12 所示，为提高同步转速，异步测速发电机大都采用 400Hz 的中频励磁电源。

自动控制系统对测速发电机的要求如下：

● 输出特性成正比关系，且不随外界条件的变化而改变。

● 发电机转子转动惯量要小，以保证快速响应。

● 发电机灵敏度要高，即要求输出特性斜率大。

此外，还要求电磁干扰小、噪声小、结构简单、工作可靠、体积小、质量轻等。对于不同的工作环境、对象还有一些特殊的要求。

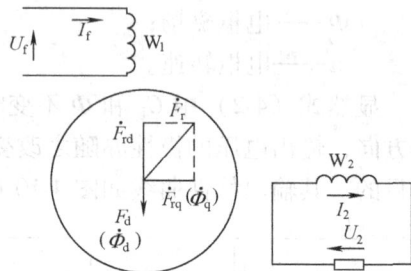

图 4-12 高电阻率的
材料作杯型转子

三、几种测速发电机的性能及其应用见表 4-4

表 4-4 几种测速发电机的性能及其应用

电机类型	型 号	性 能 特 点	应 用
空心杯型转子异步测速发电机	CK 系列	惯量小、能快速动作，输出电压的频率不随转速的变化而改变，输出特性线性度好、精度高，运行可靠、无无线电干扰等特点	1. 在反馈稳速系统中作为阻尼元件，达到使系统稳定运行的目的 2. 在计算、解算装置中作为微分、积分元件等
永磁直流测速发电机	CY 系列	1. 励磁采用永久磁钢，无须励磁电源。使用方便、效率高 2. 它是一种速度检测元件，能将机械转速转换为电气信号，其输出的直流电压大小与转速成正比	在自动控制系统中可作测速元件、阻尼元件和解算元件等
带温度补偿永磁直流测速发电机	CYB 系列	与一般直流测速发电机相比，在提供一定的功率情况下，具有较高的精度	可用于数控装置的速度控制，控制系统中阻尼及普通的速度指示
高灵敏度直流测速发电机	CYD 系列	1. 具有电机直径大、轴向尺寸小、灵敏度高等优点 2. 结构简单、紧凑、分辨力高，输出斜率高、反应快，线性误差小、低速精确度高，可靠性好、使用寿命长等特点	广泛应用于惯性导航的稳定平台、雷达天线驱动系统、陀螺仪实验台的稳定与跟踪系统及单晶炉直接驱动低速伺服系统
电磁式直流测速发电机	CZF 系列	具有线性误差小、运行可靠、尺寸小、质量轻等特点	用于自动控制系统及计算、解算装置中，测速和反馈等元件

扩展知识

霍尔效应测速发电机基本原理

自控系统中常用测速的方法，是将测速发电机的转轴与待测设备转轴相连，测速发电机的电压高、低反映了转速的高、低，采集的信号为模拟量。利用霍尔元件作为传感器，使用单片机进行测速，可以使用简单的脉冲计数法。只要转轴每旋转一周，产生一个或固定的多个脉冲，并将脉冲送入单片机中进行计数，即可获得转速的信息。

下面以常见的玩具发电机作为测速对象，用 CS3020 设计信号获取电路，通过电压比较器实现计数脉冲的输出，既可在单片机实验箱进行转速测量，也可直接将

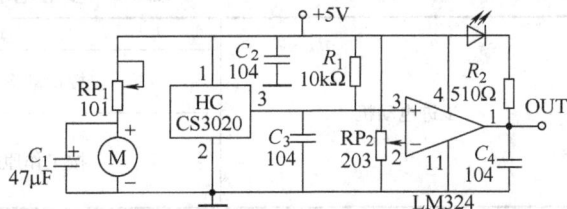

图 4-13 霍尔传感器测速原理图

输出接到频率计或脉冲计数器，得到单位时间内的脉冲数，进行换算即可得发电机转速。这样可少用硬件，不需编程。霍尔传感器测速原理图，如图 4-13 所示。

任务 3 认识步进电动机

知识导入

想一想

一般电动机是连续旋转的，而步进电动机则是当控制信号到来后"一步一步"的转运，你认为它们在哪些地方会有区别？

步进电动机是一种把电脉冲信号变换成直线位移或角位移的执行元件，其外形如图4-14所示。

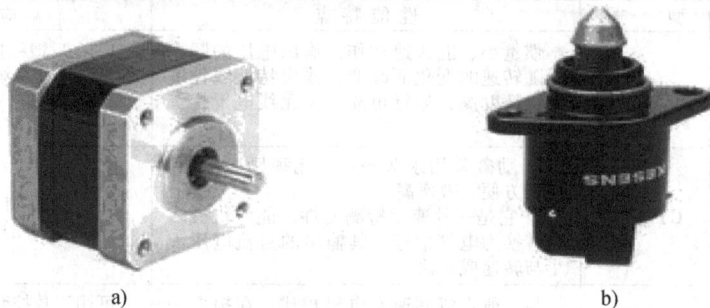

图4-14　步进电动机外形
a）电磁式　b）永磁式

NEW　相关知识

随着数字控制系统的发展，步进电动机的应用越来越广泛。在现代工业，特别是航空、航天、电子等领域中，要求完成的工作量大、任务复杂、精度高、效率高，而人工操作是不现实的，这就需要步进电动机带动下的数控机床和机器人来完成这些工作。另外，在自控系统、计算机外设和办公室自动化设备中（如磁盘驱动、打印机、绘图仪和复印机等），也广泛应用步进电动机。

步进电动机种类繁多，其分类见表4-5所示。

表4-5　步进电动机的分类

	分　类	形式种类
步进电动机	按运动形式	旋转式
		直线式
	按工作原理	反应式
		永磁式
		永磁感应子式

一、反应式步进电动机的结构与工作原理

1. 反应式步进电动机的结构

反应式步进电动机主要由定子和转子两部分构成，它们均由磁性材料构成。一般定子相数为2～6相，每相两个绕组套在一对定子磁极上，称为控制绕组，转子上是无绕组的铁心。例如，三相步进电动机定子和转子上分别有6个和4个磁极，如图4-15所示，电动机定子齿上有三个励磁绕组，转子均匀分布着很多小齿，其几何轴线依次分别与转子齿轴线错开。

高精度的步进电动机转子上均布40个齿，定子每个极面上也各有5个齿，定子、转子的齿宽和齿距都相同。

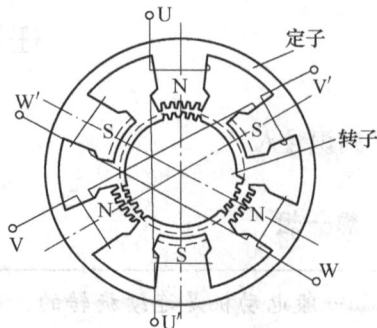

图4-15　反应式步进电动机基本结构

2. 反应式步进电动机的工作原理

当 U 相控制绕组通电时,定子磁极 U、U′轴线与转子 1、3 齿若不对应时,总有一磁拉力使转子转到 1、3 齿与定子磁极 U、U′重合。重合时,仅有径向力而无切向力,因而转子停转,如图 4-16a 所示。U 相断电,V 相控制绕组通电时,转子将在空间逆时针转过 30°,即步距角为 30°。转子齿 2、4 与定子极 V、V′对齐,如图 4-16b 所示。如再使 V 相断电,W 相控制绕组通电,转子又在空间逆时针转过 30°,使转子齿 1、3 与定子极 W、W′对齐,如图 4-16c 所示。如此循环往复,并按 U→V→W→U 顺序通电,转子则按逆时针方向不断转动,其转速取决于控制绕组与电源接通和断开的变化频率。若改变为 U→W→V→U 顺序通电,则电动机按顺时针方向转动。接通和断开电源的过程,通常由电子逻辑电路来控制。

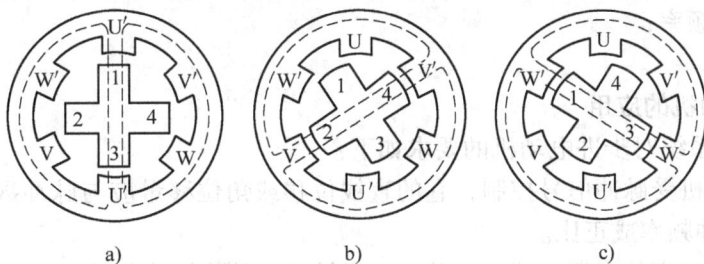

图 4-16　三相反应式步进电动机工作原理

控制绕组的通电方式有"三相单三拍"、"双三拍"、"单、双六拍"等通电方式。

(1)"三相单三拍"通电方式　是指定子绕组每改变一次通电方式,称为一拍,此时,电动机转子所转过的空间角度称为步距角。"单"是指每次只一相控制绕组通电,"三拍"指经过三次切换控制绕组的通电状态为一个循环。显然,此时的步距角为 30°。

(2)"双三拍"通电方式　即按 UV→VW→WU→UV 的通电顺序,显然,这时的磁场与轴线在两相通电磁极中间的中心线上,因而,此时步距角仍为 30°。

(3)"单、双六拍"通电方式　即按 U→UV→V→VW→W→WU→U 的顺序控制,则电动机为六拍一循环,因而称为单、双六拍,这种控制的步距角有所不同。如图 4-17 所示,当 U 相通电时,同"三相单三拍"运行的情况,如图 4-17a 所示。当 UV 相通电时,转子齿 2、4 在 V、V′极吸引下,逆时针转动,直至转子齿 1、3 和定子极 U、U′之间的作用力与转子齿 2、4 和定子极 V、V′之间作用力相平衡为止,如图 4-17b 所示。当断开 U 相控制绕组而由 V 相控制绕组通电时,转子将继续逆时针转到使转子齿 2、4 和定子极 V、V′对齐,如图 4-17c 所示。若继续顺序通电,则电动机连续转动。如顺序变为 UW→W→WV→V→VU→U 时,电动机将反过来顺时针方向转动。

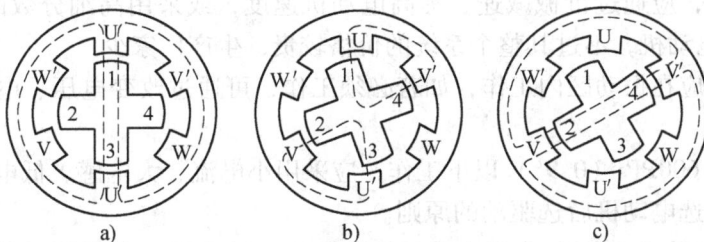

图 4-17　"单、双六拍"通电方式反应式步进电动机工作原理

"单、双六拍"通电方式，从 U 相控制绕组单独通电到 V 相控制绕组单独通电，中间还要经过 U、V 两相同时通电的状态，即要经两拍转子才转过 30°。可见，此时步距角为 15°。

通过以上分析可得出步进电动机的步距角为

$$\theta = 360°/mZ_rC \qquad (4-5)$$

式中　m——控制绕组相数；

　　　Z_r——转子齿数；

　　　C——通电状态系数，单拍或双拍方式（单拍为 1，双拍为 2）。

若步进电动机的频率为 f，则转速为

$$n = 60f/mz_rC \qquad (4-6)$$

式中　f——脉冲频率；

　　　n——转速。

二、步进电动机的应用

1. 自动控制系统对步进电动机的要求如下：

1）步进电动机受脉冲信号控制，它的直线位移或角位移量应与脉冲数成正比，其线性速度或转速与脉冲频率成正比。

2）改变脉冲频率的高低，即可调节电动机转速，并能快速起动、制动和反转。

3）一相绕组长期通电状态具应有自锁能力，在负载能力范围内，不因电源电压、负载、环境条件波动而变化。

4）在不失步情况下，其步距误差不能长期积累。

2. 步进电动机应用中的注意事项

1）步进电动机应用于低速场合时，转速不超过 1000r/min（0.9°时为 6666PPs），最好在 1000～3000PPs（0.9°）使用，可通过减速装置使其在此范围工作，此时电动机工作效率较高，噪声较低。

2）步进电动机最好不使用整步状态，因为整步状态时振动大。

3）除了标称为 12V 电压的电动机使用 12V 外，其他电动机的电压值都不是驱动电压值，可根据驱动器选择驱动电压（建议：57BYG 采用直流 24V～36V，86BYG 采用直流 50V，110BYG 采用高于直流 80V），当然标称 12V 的电压除 12V 恒压驱动外也可以采用其他驱动电源，不过要考虑温升。

4）转动惯量大的负载应选择大机座号电动机。

5）电动机在有较高速或大惯量负载时，一般不在工作速度起动，而采用逐渐升频提速。这样，电动机可不失步，也可以在减少噪声同时提高停止的定位精度。

6）高精度时，应通过机械减速、提高电动机速度，或采用高细分数的驱动器来解决，也可以采用 5 相电动机，不过其整个系统的价格较贵，生产厂家少。

7）电动机不应在振动区内工作，如若必须工作，可通过改变电压、电流或加一些阻尼的方法来解决。

8）电动机在 600PPs（0.9°）以下工作，应采用小电流、大电感、低电压来驱动。

9）应遵循先选电动机后选驱动的原则。

随着数字控制系统的发展，步进电动机的应用越来越广泛。在现代工业，特别是航空、航天、电子等领域中，要求完成的工作量大、任务复杂、精度高、效率高，而人工操作是不现实的，这就需要步进电动机带动下的数控机床和机器人来完成这些工作。另外,在计算机外设和办公室自动化设备中,如磁盘驱动、打印机、绘图仪和复印机等也大量运用了步进电动机。

扩展知识

步进电动机的发展史

步进电动机作为执行元件,是机电一体化的关键产品之一,广泛应用在各种自动化控制系统中。随着微电子和计算机技术的发展,步进电动机的需求量与日俱增,在各个国民经济领域都有应用。

19 世纪就出现了步进电动机,它是一种可以自由回转的电磁铁,动作原理和今天的反应式步进电机没有什么区别,也是依靠气隙磁导的变化来产生电磁转矩。

在 20 世纪初,造船工业发展很快,同时也使得步进电动机的技术得到了长足的进步。到了 20 世纪 80 年代后,由于廉价的微型计算机以多功能的姿态出现,步进电动机的控制方式更加灵活多样。原来的步进电动机控制系统采用分立元件或者集成电路组成的控制电路,不仅调试安装复杂,要消耗大量元器件,而且一旦定型之后,要改变控制方案就需要重新设计电路。计算机则通过软件来控制步进电动机,更好地挖掘出电动机的潜力。因此,用计算机控制步进电动机已经成为了一种必然的趋势,也符合数字化的时代趋势。步进电动机和普通电动机不同之处是步进电动机接受脉冲信号的控制。步进电动机靠一种叫环形分配器的电子开关器件,通过功率放大器使励磁绕组按照顺序轮流接通直流电源。由于励磁绕组在空间中按一定的规律排列,轮流的直流电源接通后,就会在空间形成一种阶跃变化的旋转磁场,使转子步进式的转动,随着脉冲频率的增高,转速就会增大。步进电动机的旋转同时与相数、分配数、转子齿轮数有关。现在比较常用的步进电动机包括反应式步进电动机、永磁式步进电动机、混合式步进电动机和单相式步进电动机等。其中反应式步进电动机的转子磁路由软磁材料制成,定子上有多相励磁绕组,利用磁导的变化产生转矩。现阶段,反应式步进电动机获得了最多的应用。

任务4 认识直线电动机

知识导入

想一想

某些交通工具(如电动机车、电车等)和某些机械设备(如机床设备中的进给)需要作直线运动,这就需要把旋转运动变为直线运动的一套装置。你知道什么电机能够做到吗?

直线电动机就是一种能将电能直接转换成直线运动的机械能,而不需要任何中间转换机构的传动装置。

相关知识

直线电动机按结构不同分为以下几种,见表4-6。

表 4-6　直线电动机分类

分　类	形式种类	说　明
直线电动机 平板型	横向磁通	
	纵向磁通	
管　型	横向磁通	
	纵向磁通	
悬浮型	吸引悬浮型	

一、直线电动机的结构和工作原理

1. 直线电动机的结构

直线电动机可以认为是旋转电动机在结构方面的一种变形，它可以看成是一台旋转电动机沿径向剖开，并展成平面而成的，如图 4-18 所示。由定子演变而来的一侧称为初级，由转子演变而来的一侧称为次级。在实际应用时，将初级和次级制造成不同的长度，以保证在所需行程范围内初级与次级之间的耦合保持不变。直线电动机可以是短初级长次级，也可是长初级短次级。考虑到制造成本、运行费用，目前一般均采用短初级长次级。

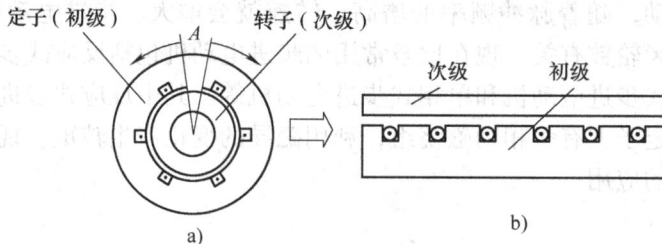

图 4-18　直线电动机结构
a) 沿径向剖开　b) 把圆周展成平面

2. 直线电动机的工作原理

直线电动机的工作原理与旋转电动机的相似。以直线感应电动机为例，当初级绕组通入交流电源时，根据楞次定律，便在气隙中产生行波磁场，次级在行波磁场切割下，将感应出电动势并产生电流，该电流与气隙中的磁场相作用就产生电磁推力。如果初级固定，则次级在推力作用下作直线运动；反之，则初级作直线运动。

二、直线电动机的特点及应用

1. 直线电动机的特点

（1）高速响应　由于系统中直接取消了一些响应时间常数较大的（如丝杠等）机械传动件，使整个闭环控制系统动态响应性能大大提高，反应异常灵敏快捷。

（2）位精度高　线驱动系统取消了由于丝杠等机械机构引起的传动误差，从而减少了插补时因传动系统滞后带来跟踪误差。通过直线位置检测反馈控制，可大大提高机床的定位精度。

（3）传动刚度好　传动环节的弹性变形、摩擦磨损和反向间隙造成了运动滞后现象，同时提高了其传动刚度。

（4）速度快，加减速过程短，且行程长度不受限制　在导轨上通过串联直线电动机，就可以无限延长其行程长度。

（5）震动小，且噪声低　由于取消了传动丝杠等部件的机械摩擦，且导轨又可采用滚动导轨或磁垫悬浮导轨（无机械接触），其运动时震动和噪声将大大降低。

（6）效率高　由于无中间传动环节，消除了机械摩擦时的能量损耗。

2. 直线电动机的应用

直线电动机主要应用于三个方面：一是应用于自动控制系统，这类应用场合比较多；二是作为长期连续运行的驱动电动机；三是应用在需要短时间、短距离内提供巨大的直线运动能的装置中。

（1）高速磁悬浮列车　磁悬浮列车是一种全新的列车。一般的列车，由于车轮和铁轨之间存在摩擦，限制了速度的提高，故所能达到的最高运行速度不超过 300km/h。磁悬浮列车是将列车用磁力悬浮起来，使列车与导轨脱离接触，以减小摩擦，提高车速。列车由直线电动机牵引。直线电动机的一个极固定于地面，跟导轨一起延伸到远处；另一个极安装在列车上。初级通以交流电，列车就沿导轨前进。列车上装有磁体（有的就是兼用直线电动机的线圈），磁体随列车运动时，使设在地面上的线圈（或金属板）中产生感应电流，感应电流的磁场和列车上的磁体（或线圈）之间的电磁力把列车悬浮起来。悬浮列车的优点是运行平稳，没有颠簸，噪声小，所需的牵引力很小，只要几千千瓦的功率就能使悬浮列车的速度达到 550km/h。悬浮列车减速的时候，磁场的变化减小，感应电流也减小，磁场减弱，造成悬浮力下降。悬浮列车也配备了车轮装置，它的车轮像飞机一样，在行进时能及时收入列车，停靠时可以放下来，支撑列车。要使质量巨大的列车靠磁力悬浮起来，需要很强的磁场，实用中需要用高温超导线圈产生这样强大的磁场。磁悬浮列车是直线电动机实际应用的最典型的例子，目前，美国、英国、日本、法国、德国、加拿大等都在研制直线悬浮列车，其中日本发展最快。

（2）直线电动机驱动的电梯　世界上第一台使用直线电动机驱动的电梯是 1990 年 4 月安装于日本东京都关岛区万世大楼，该电梯载重 600kg，速度为 105m/min，提升高度为 22.9m。由于直线电动机驱动的电梯没有曳引机组，所以建筑物顶的机房可省略。如果建筑物的高度增至 1000m 左右，就必须使用无钢丝绳电梯，这种电梯采用高温超导技术的直线电动机驱动，线圈装在井道中，轿厢外装有高性能永磁材料，就如磁悬浮列车一样，采用无线电波或光控技术控制。

（3）超高速电动机　在旋转超过某一极限时，采用滚动轴承的电动机就会产生烧结、损坏现象。为此近年来，国外研制了一种直线悬浮电动机（电磁轴承），采用悬浮技术使电动机的转子悬浮在空中，消除了转子和定子之间的机械接触和摩擦阻力，其转速可达 25000 ~100000r/min 以上，因而在高速电动机和高速主轴部件上得到广泛的应用。如日本安川公司新研制的多工序自动数控车床用 5 轴可控式电磁高速主轴采用两个经向电磁轴承和一个轴向推力电磁轴承，可在任意方向上承受机床的负载。在轴的中间，除配有高速电动机以外，还配有与多工序自动数控车床相适应的工具自动交换机构。

（4）直线电动机对传统的旋转电动机和滚珠丝杠运动系统的改造　在机床进给系统中，采用直线电动机直接驱动，从而取消了原旋转电动机到工作台（拖板）之间的机械传动环节，把机床进给传动链的长度缩短为零，因而这种传动方式又被称为"零传动"。正是由于这种"零传动"方式，带来了原旋转电动机驱动方式无法达到的性能指标和优点。

直线电动机还广泛地运用于其他方面，例如用于机床传送系统、齿轮减速机、电气锤、电磁搅拌器等，如图 4-19 所示。在我国，直线电动机也逐步得到推广和应用。直线电动机的原理虽不复杂，但在设计、制造方面有它自己的特点，产品尚不如旋转电动机那样成熟，有待进一步研究和改进。

图 4-19　直线立式加工中心

任务5　认识超声波电动机

知识导入

想一想

你了解超声现象吗？知道超声波的应用吗？

人耳能感知的声音频率为 50～20000Hz，因此超声波为 20kHz 以上频率的音波或机械振动。超声波电动机与传统的电磁式电动机不同，是利用压电陶瓷的逆压电效应（以外加交流电压作驱动源的压电陶瓷会产生随超声波交替伸缩现象，虽然每次伸缩的大小仅为数微米，但因每秒可伸缩达数十万次，所以每秒可移动达数厘米），将超声振动作为动力源的一种新型电动机，其外形如图 4-20 所示。

图 4-20　几种超声波电动机的外形

一、超声波电动机的结构和工作原理

1. 超声波电动机结构

超声波电动机一般由定子（振动部分）和转子（移动部分）两部分组成，如图 4-21 所示。该电动机中既没有线圈也没有永磁体，其定子是由压电晶体、弹性体（或热运动器件）、电极构成的；转子为一个金属板，转子均带有压紧用部件，加压于压电晶体上，定子和转子在压力作用下紧密接触。为了减少定子、转子之间相对运动产生的磨损，通常在两者之间（在转子上）加一层摩擦材料。

2. 超声波电动机工作原理

超声波电动机的工作是在极化的压电晶体上施加超声波频率的交流电，压电晶体随着高频电压的幅值变化而膨胀或收缩，从而在定子弹性体内激发出超声波振动，这种振动传递给与定子紧密接触的摩擦材料以驱动转子旋转。

以直线式行波型超声波电动机为例，分析超声波电动机的工作原理。利用两个压电换能器，分别作为激振器和吸振器，当吸振器能很好地吸收激振器端传来的振动波时，有限长直梁似乎变成了一根半无限长梁，这时，在直梁中形成单向行波，驱动滑块作直线运动。当互换激振器与吸振器的位置时，形成反向行波，实现反向运动。其原理图如图 4-22 所示。单压电芯片型超声波电动机的等效电路如图 4-23 所示。

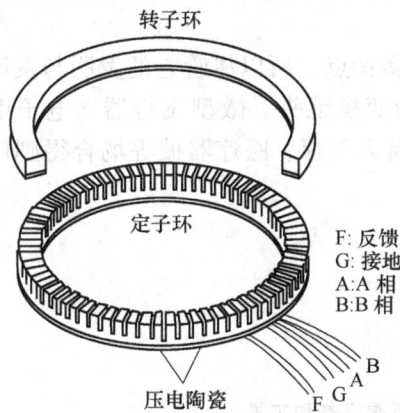

图 4-21　超声波电动机结构

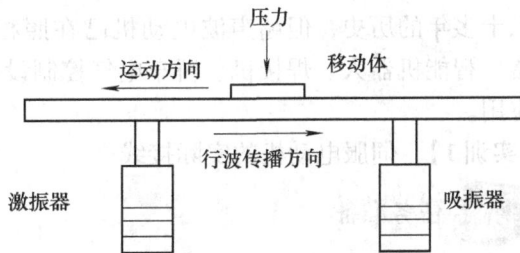

图 4-22　单压电芯片型超声波电动机原理图

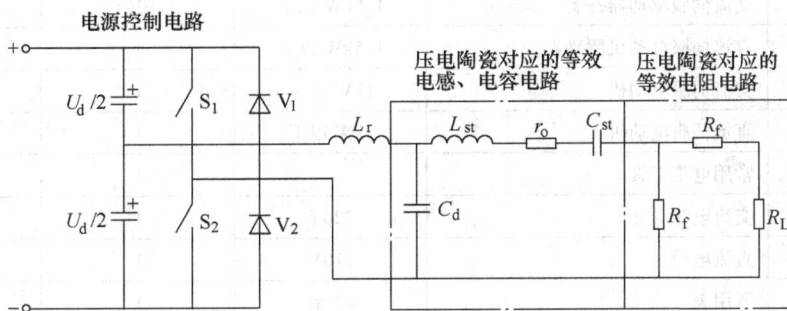

图 4-23　单压电芯片型超声波电动机的等效电路图

二、超声波电动机的特点及应用

1. 一般超声波电动机的特点

1）低速大转矩、效率高。在超声波电动机中，超声振动的振幅一般不超过几微米，振动速度每秒只有几厘米到几米。无滑动时转子的速度由振动速度决定，因此该电动机的转速一般很低，每分钟只有十几转到几百转。由于定子和转子间靠摩擦力传动，所以若两者之间的压力足够大，转矩就很大。传统电磁电动机在高转速工作时具较高的效率，但在低转速时则较低，和传统电磁电动机相比，超声波电动机在低转速时能够表现出较高的转换效率。

2）控制性能好、反应速度快。超声波电动机靠摩擦力驱动，移动体的质量较轻，惯性小，通电时，快速响应，失电后，立即停机，起动和停止时间为毫秒量级。因此，它可以实现高精度的速度控制和位置控制。

3）形式灵活，设计自由度大。超声波电动机驱动力发生部分的结构可以根据需要有各种不同的形状，在设计上极具弹性。

4）不会产生电磁干扰。超声波电动机没有磁极，因此不受电磁感应影响。同时，它对外界也不产生电磁干扰，特别适合强磁场下的工作环境。

5）结构简单。超声波电动机不用线圈，也没有磁铁，结构相对简单。与普通电动机相比，在输出转矩相同的情况下，可以做得更小、更轻和更薄。超声波电动机经过齿轮的转换，便可产生高扭力，所以可以直接驱动。

6）震动小、噪声低。

2. 超声波电动机的应用

由于超声波电动机具有电磁电动机所不具备的许多特点，所以尽管它的发明与发展仅有二十多年的历史，但超声波电动机已在照相机的自动变焦镜头、微型飞行器、电子束发生器、智能机器人、焊接机、轿车电气控制设备、航空航天工程、医疗器械等场合得到广泛的应用。

【实训1】 伺服电动机的实际接线

任务准备

伺服电动机的实际接线所需设备和工具见表4-7。

表4-7　伺服电动机的实际接线所需设备和工具

序　号	名　称	规　格	数　量	单　位
1	交流伺服驱动器一套	1.5kW以下	1	套
2	直流伺服电动机驱动器	1.5kW以下	1	套
3	交流伺服电动机	1kW以下	1	台
4	直流伺服电动机	1kW以下	1	台
5	常用电工工具		1	套
6	交流电源	220V	1	组
7	直流电源	110V	1	组
8	万用表	47型	1	块
9	软导线		若干	

任务实施

1. 交流伺服电动机的实际接线

（1）定子绕组的判别 用万用表欧姆×10 或 ×100 挡（根据电动机功率的大小选择，功率大的挡位小）分别测量电动机的四个出线端，应有两组相通。因为励磁绕组导线较粗，匝数相对较少，则阻值较小的一组为励磁绕组（U、V 端），而控制绕组导线较细，匝数相对较多，阻值较大一组即为控制绕组（W、G 端）；继续测量控制绕组两个出线端对地电阻，阻值为"零"的为接地端（G 端），将测量结果作好记号。

> **提示**
>
> 注意换挡哦！

（2）正确接线 交流伺服电动机接线按图 4-24 所示进行。

（3）通电试验 伺服电动机伺服驱动器功率和电压一定要匹配。检查交流伺服电动机和伺服驱动器接线无误后，将伺服驱动器速度调节旋钮调至"零"位，接入交流电源，观察电动机状态，此时，电动机不转。慢慢调整伺服驱动器速度调节旋钮，电动机转速应从"零"逐渐上升，说明接线正确。改变控制信号的接线端可改变电动机的转向。若电动机不能正常调速或换向，应用万用表电压挡检测各接线端电压，从而判断并排除故障。

（4）注意安全 学生操作时，一定要注意人身和设备的安全。

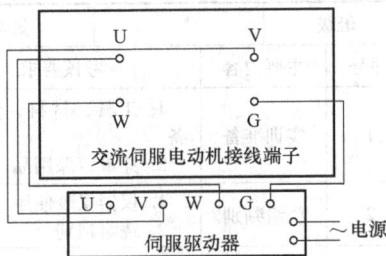

图 4-24 交流伺服电动机接线

2. 直流伺服电动机的实际接线

（1）定子绕组的判别 用万用表欧姆×10 或 ×100 挡分别测量电动机的四个出线端，应有两组相通。因为励磁绕组导线较细，匝数相对较多，则阻值较大的一组为励磁绕组（F1、F2 端），而控制绕组导线较粗，匝数相对较少，一般阻值较小的一组即为控制绕组（S1、S2 端），将测量结果作好记号。

（2）正确接线 直流伺服电动机接线按图 4-25 所示进行。

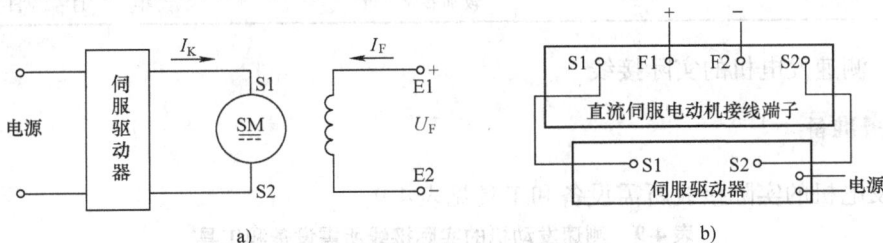

图 4-25 直流伺服电动机接线
a）原理接线图 b）实际接线图

伺服电动机伺服驱动器功率和电压一定要匹配。直流伺服电动机接线端子按 S1、F1、F2、S2 排布。其中，F1、F2 为励磁绕组接线端接直流电源，S1、S2 端与伺服驱动器相连，不能搞错。对调控制绕组接线端 S1、S2，或者对调励磁绕组接线端 F1、F2 的进线，可以改变电动机的转向。

（3）通电试验　检查直流伺服电动机和伺服驱动器接线无误后，将伺服驱动器速度调节旋钮调至"零"位，接入电源，观察电动机状态，此时，电动机不转。慢慢调整伺服驱动器速度调节旋钮，电动机转速应从"零"逐渐上升，说明接线正确。如果励磁绕组和控制绕组电压相同，直流伺服电动机和伺服驱动器也可共用一个电源。改变控制信号的极性或改变励磁绕组电源极性，电动机的转向应改变。若电动机不能正常调速或换向，应用万用表电压挡检测各接线端电压，从而判断并排除故障。

（4）注意安全　学生操作时，一定要注意人身和设备的安全。

检查评议

伺服电动机的接线检查评议见表4-8。

表4-8　伺服电动机的接线检查评议

班级		姓名		学号		分数	
序号	主要内容	考核要求		评分标准		配分	得分
1	实训准备	1. 工具、材料、仪表准备　2. 穿戴劳保用品		1. 工具、材料、仪表未准备完好一项，扣5分　2. 未穿戴劳保用品，扣10分。		20	
2	绕组判别	1. 仪器仪表使用　2. 绕组判别		1. 仪器仪表使用不正确，扣10分　2. 不能正确判别各绕组出线端，扣15分		25	
3	正确接线	1. 伺服电动机与伺服驱动器接线　2. 电源接线		1. 电动机与驱动器接线错误，扣15分　2. 电源接线错误，扣10分		25	
4	通电试验	1. 通电试验方法　2. 通电试验步骤		1. 通电试验方法不正确，扣10分　2. 通电试验步骤不正确，扣10分		20	
5	安全文明生产	1. 整理现场　2. 设备仪器无损坏　3. 工具遗忘　4. 遵守课堂纪律，尊重老师，不得延时		1. 未整理现场；扣10分　2. 设备仪器损坏，扣10分　3. 工具遗忘，扣10分　4. 不遵守课堂纪律或不尊重老师；取消实训		10	
时间	15min	开始		结束		合计	
备注			教师签字			年　月　日	

【实训2】　测速发电机的实际接线

任务准备

测速发电机的实际接线所需设备和工具见表4-9。

表4-9　测速发动机的实际接线所需设备和工具

序　号	名　称	规　格	数　量	单　位
1	交流测速发电机	1kW 以下	1	台
2	直流测速发电机	1kW 以下		台
3	高精度电压表	0.2 级	1	块

（续）

序 号	名 称	规 格	数 量	单 位
4	交流恒频恒压电源	1.5kW 以下	1	组
5	直流电源		1	组
6	拖动设备	1.5kW 以下	1	台
7	常用电工工具		1	套
8	软导线		若干	

任务实施

1. 交流测速发电机的实际接线

（1）绕组的判别　用万用表欧姆×10 或×100 挡（根据电动机功率的大小选择，功率大的挡位小）分别测量电动机的四个出线端，应有两组相通。因为励磁绕组导线较粗，匝数相对较少，则阻值较小的一组为励磁绕组 LL（L1、L2 端），而输出绕组导线较细，匝数相对较多，阻值较大一组即为输出绕组 LO（O1、O2 端），将测量结果作好记号。永磁式测速发电机可省略该步。

（2）正确接线　交流测速发电机接线按图 4-26 所示进行。

（3）通电试验　步骤如下：

1）将测速发电机转轴与被测设备输出轴硬连接，检查交流测速发电机接线无误，起动被测设备。

图 4-26　交流测速发电机接线

2）设备运转正常后，接通测速发电机电源，观察电压表指示，同时，用转速表测量设备的实际运行转速，进行比对。

3）调整设备转速，电压表指示应有所变化，再与转速表结果进行比对。

4）改变被测设备转向，电压表指示方向应相应改变。

以上步骤均正常，说明接线正确。若电压表指示不正常，应用万用表电压挡检测各接线端电压或用电阻挡检测接触电阻，从而判断并排除故障。

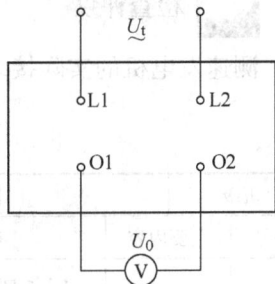

提示

电压表的量程应满足被测电压需要哦！

5）学生操作时，一定要注意人身和设备的安全。发现问题，应立即停机。

2. 直流测速发电机的实际接线

（1）绕组的判别　用万用表欧姆×10 或×100 挡（根据电动机功率的大小选择，功率大的挡位小）分别测量电动机的四个出线端，应有两组相通。因为励磁绕组导线较粗，匝数相对较少，则阻值较小的一组为励磁绕组 LL（L1、L2 端），而输出绕组导线较细，匝数很多，所以阻值很较大（接近无穷大）一组即为输出绕组 LO（O1、O2 端），将测量结果作好记号。

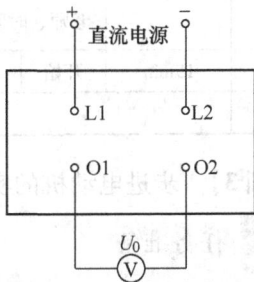

图 4-27　直流测速发电机接线

（2）正确接线　直流测速发电机接线按图 4-27 所示进行。

（3）通电试验　步骤如下：

1）将测速发电机转轴与被测设备输出轴硬连接，检查直流测速发电机接线无误，起动被测设备。

2）设备运转正常后，接通测速发电机电源，观察电压表指示，同时，用转速表测量设备的实际运行转速，进行比对。

3）调整设备转速，电压表指示应有所变化，再与转速表结果进行比对。

4）改变被测设备转向，电压表指示方向应相应改变。以上步骤均正常，说明接线正确。若电压表指示不正常，应用万用表电压挡检测各接线端电压或用电阻挡检测接触电阻，从而判断并排除故障。

5）学生操作时，一定要注意人身和设备的安全。发现问题，应立即停机。

检查评议

测速发电机的实际接线检查评议见表 4-10。

表 4-10　测速发电机的实际接线检查评议

班级			姓名		学号		分数	
序号	主要内容	考核要求		评分标准			配分	得分
1	任务准备	1. 工具、材料、仪表准备完好 2. 穿戴劳保用品		1. 工具、材料、仪表准备不充分，每项扣5分 2. 劳保用品穿戴不齐备，扣10分			20	
2	绕组判别	1. 仪表使用 2. 绕组判别		1. 仪表使用不正确，扣10分 2. 不能正确判别各绕组出线端，扣15分			25	
3	正确接线	1. 仪表接线 2. 电源接线		1. 仪表接线错误，扣15分 2. 电源接线错误，扣10分			25	
4	通电试验	1. 试验方法 2. 试验步骤		1. 通电试验方法不正确，扣10分 2. 通电试验步骤不正确，扣10分			20	
5	安全文明生产	1. 现场整理 2. 设备、仪表 3. 工具 4. 遵守课堂纪律、尊重老师、时间把握		1. 未整理现场，扣10分 2. 损坏设备、仪器，扣10分 3. 工具遗忘，扣10分 4. 不遵守课堂纪律或不尊重老师，延误时间等，取消操作			10	
时间	15min	开始		结束		合计		
备注			教师签字			年　月　日		

【实训3】　步进电动机的实际接线和常见故障及检修

任务准备

步进电动机实际接线所需设备和工具见表 4-11。

表 4-11　步进电动机实际接线所需设备和工具

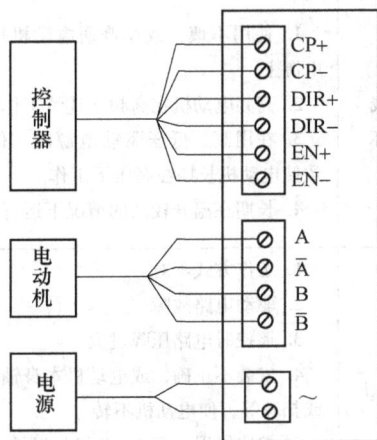

序　号	名　称	规　格	数　量	单　位
1	步进电动机	1kW 以下	1	台
2	步进电动机驱动器	1.5kW 以下	1	套
3	高精度电压表	0.2 级	1	块
4	万用表	47 型	1	块
5	转速表	2500 转	1	块
6	绝缘电阻表	500V	1	块
7	钳形电流表	50A	1	块
8	交、直流电源		1	各
9	常用电工工具		1	套
10	软导线		若干	

任务实施

1. 步进电动机的实际接线（见图 4-28）

（1）绕组的判别　两相四线步进电动机（只有 AA′、BB′）可以用万用表欧姆×10 挡分别测出电动机的四个出线端，应有两组相通，阻值相同。最后，利用测量变压器同名端的方法测出两相绕组的同名端。对于两相六线步进电动机（六根出线端中有两根是中心抽头）先用万用表测出三根相通的两组，再用万用表测出在其中一组中与另外两根线阻值相同的即为中心抽头；另一组同理，最后测出两相绕组的同名端。三相六线步进电动机（AA′、BB′、CC′）可以用万用表欧姆×10 挡分别测出电动机的六个出线端，应有三组相通，阻值相同，最后测出三相绕组的同名端。

提示

接线一定要区分脉冲电源相数哦！

（2）正确接线　步进电动机是由驱动器控制的，两相四线步进电动机接线图 4-29 所示。图 4-30 为两相四线步进电动机运行实验图。

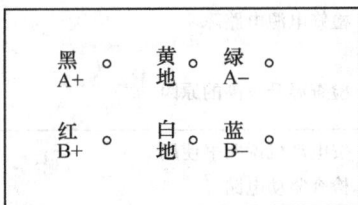

图 4-28　步进电动机实际接线　　　　图 4-29　两相四线步进电动机接线

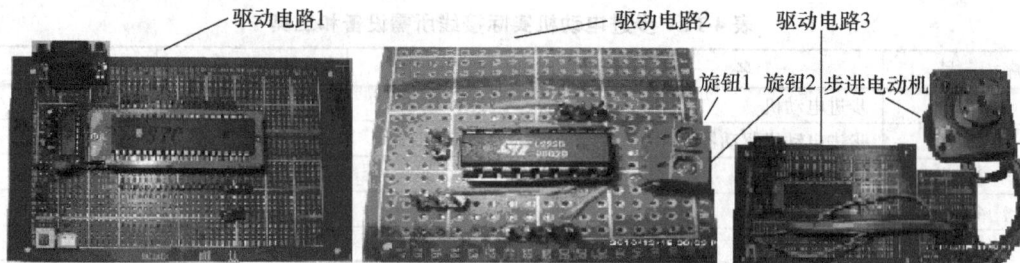

图 4-30　两相四线步进电动机运行实验图

（3）通电试验　检查步进电动机与驱动器接线无误后，将驱动器接入电源，分别按下旋钮 1 和旋钮 2，使驱动发出不同的脉冲信号。此时，用测速表检测步进电动机的转速会有变化。若电动机转速不变或不转，说明驱动电路或步进电动机有问题，应用万用表进行检测，从而判断并排除故障。

> **提示**
>
> 通电瞬间一定注意观察电动机的状况哦！

（4）注意安全　电动机故障检修过程中，一定要注意人身和设备安全。

2. 步进电动机常见故障及检修（见表 4-12）

表 4-12　步进电动机常见故障及检修方法

故障现象	产生的原因	检修方法
严重发热	1. 使用不符合规定 2. 把六拍工作方式用双三拍工作方式运行 3. 电动机的工作条件恶劣，环境温度过高，通风不良	1. 按规定使用 2. 按规定工作方式进行，如确要将六拍改为双三拍行使用，可先做温升试验，如温升过高可降低参数指标，使用或改换电动机 3. 加强通风，改善散热条件
定子线圈烧坏	1. 使用不慎，或作普通电动机接在 220V 工频电源上 2. 高频电动机在高频下连续工作时间过长 3. 在用高、低压驱动电源时，低压部分故障，致使电动机长期在高压下工作 4. 长期在温升较高的情况下运行	1. 使用时注意电动机的类型 2. 严格按照电动机工作制使用 3. 检修电源电路障 4. 检查温升较高的原因
不能起动	1. 工作方式不对 2. 驱动电路故障 3. 遥控时电路压降过大 4. 安装不正确，或电动机本身轴承、止口损坏，或扫膛等，使电动机不转 5. 接线错误，即 N、S 极的极性接错 6. 长期在潮湿场所存放，造成电动机内部旋转部分生锈	1. 按电动机说明书使用 2. 检查驱动电路 3. 检查输入电压，如电压太低，可调整电压 4. 检查电动机 5. 改变接线 6. 检修清洗电动机

（续）

故障现象	产生的原因	检修方法
工作过程中停车	1. 驱动电源故障 2. 电动机线圈匝间短路或接地 3. 绕组烧坏 4. 脉冲信号发生器电路故障 5. 杂物卡住	1. 检修驱动电源 2. 按普通电动机的检修方法进行 3. 更换绕组 4. 检查有无脉冲信号 5. 清洗电机
噪音大	1. 电动机运行在低频区或共振区 2. 大惯性负载、短程序、正反转频繁 3. 磁路混合式或永磁式转子磁钢退磁后以单步运行或在失步区 4. 永磁单向旋转步进电动机的定向机构损坏	1. 消除齿轮间隙或其他间隙；采用尼龙齿轮；使用阻尼器；降低电压以降低出力，采用隔音措施等 2. 改长程序并增加磨擦阻尼 3. 重新充磁 4. 修理定向机构
失步或多步	1. 负载过大，超过电动机的负载能力 2. 负载时大时小 3. 负载的转动惯量过大，起动时失步，停机时过冲（多步） 4. 转动间隙大小不均 5. 转动间隙中的零件有弹性变形（如绳传动） 6. 电动机工作在振荡失步区 7. 电路总清零使用不当 8. 定转子相擦	1. 变换大电动机 2. 减小负载，主要减小负载的转动惯量 3. 采用逐步升频来加速起动，停机时采用逐步减频后再停机 4. 对机械部分采取减小间隙措施，采用电子间隙补偿信号发生器 5. 增加传动绳的张紧力，增大阻尼或提高传动零件的精度 6. 降低电压或增大阻尼 7. 在电动机执行程序的中途暂停时，不应再使用总清零键 8. 解决扫膛故障
无力或出力降低	1. 驱动电源故障 2. 电动机绕组内部接线错误 3. 电动机绕组碰壳，相间短路或线头脱落 4. 断轴 5. 气隙过大 6. 电源电压过低	1. 检修驱动电源 2. 用磁针检查每相磁场方向，接错的一相指针无法定位 3. 拧紧线头，对电动机绝缘及短路现象进行检查，无法修复时应更换绕组 4. 换轴 5. 换转子 6. 调整电源电应使其符合要求

检查评议

1. 步进电动机实际接线（见表4-13）

表4-13 步进电动机实际接线检查评议

班级		姓名		学号		分数	
序号	主要内容	考核要求		评分标准		配分	得分
1	任务准备	1. 工具、材料、仪表准备完好 2. 穿戴劳保用品		1. 工具、材料、仪表准备不充分，每项扣5分 2. 劳保用品穿戴不齐备，扣10分		20	

（续）

班级		姓名		学号			分数	
序号	主要内容	考核要求		评分标准			配分	得分
2	绕组判别	1. 仪表使用 2. 绕组判别		1. 不能正确使用仪表，扣10分 2. 不能正确判别各绕组出线端，扣15分			25	
3	正确接线	1. 仪表接线 2. 电源接线		1. 仪表接线错误，扣15分 2. 电源接线错误，扣10分			25	
4	通电试验	1. 试验方法 2. 试验步骤		1. 通电试验方法不正确，扣10分 2. 通电试验步骤不正确，扣10分			20	
5	安全文明 生产	1. 现场整理 2. 设备、仪表 3. 工具 4. 遵守课堂纪律、尊重老师、时间把握		1. 未整理现场，扣10分 2. 损坏设备、仪器，扣10分 3. 工具遗忘，扣10分 4. 不遵守课堂纪律或不尊重老师，延误时间等，取消操作			10	
时间	30min	开始		结束		合计		
备注			教师签字			年　月　日		

2. 步进电动机常见故障及检修（见表 4-14）

表 4-14　步进电动机常见故障及检修检查评议

班级		姓名		学号			分数	
序号	主要内容	考核要求		评分标准			配分	得分
1	任务准备	1. 工具、材料、仪表准备完好 2. 穿戴劳保用品		1. 工具、材料、仪表准备不充分，每项扣5分 2. 劳保用品穿戴不齐备，扣10分			20	
2	故障判断 与排除	1. 仪表、工具使用 2. 正确判断故障 3. 正确排除故障		1. 不能正确使用仪表、工具，扣10分 2. 不能正确判断故障，每项扣20分 3. 不能正确排除故障，每项扣20分			70	
3	安全文明 生产	1. 现场整理 2. 设备、仪表 3. 工具 4. 遵守课堂纪律、尊重老师、时间把握		1. 未整理现场，扣10分 2. 损坏设备、仪器，扣10分 3. 工具遗忘，扣10分 4. 不遵守课堂纪律或不尊重老师，延误时间等，取消操作			10	
时间	18 课时	开始		结束		合计		
备注			教师签字			年　月　日		

参 考 文 献

［1］ 徐政．电机与变压器［M］．北京：中国劳动社会保障出版社，2008．

［2］ 曾祥富．电工技能与实训［M］．北京：高等教育出版社，2002．

［3］ 唐介．电机与拖动［M］．2版．北京：高等教育出版社，2007．

［4］ 李发海．电机学［M］．4版．北京：科学出版社，2001．

［5］ 辜承林．电机学［M］．3版．武汉：华中科技大学出版社，2010．

［6］ 许建国．电机与拖动基础［M］．北京：高等教育出版社，2004．

［7］ 汤蕴璆．电机学［M］．北京：机械工业出版社，2001．

［8］ 郑立冬．电机与变压器［M］．北京：人民邮电出版社，2008．

［9］ 汤天浩．电机与拖动基础［M］．北京：机械工业出版社，2004．

［10］ 王生．电机与变压器［M］．北京：高等教育出版社，2005．

［11］ 李学炎．电机与变压器［M］．3版．北京：中国劳动社会保障出版社，2001．

［12］ 孙达夫．维修电工技术-MES模块式教学［M］．北京：高等教育出版社，2007．

［13］ 李守忠．维修电工［M］．北京：化学工业出版社，2004．

机械工业出版社

教师服务信息表

尊敬的老师：

　　您好！感谢您多年来对机械工业出版社的支持与厚爱！为了进一步提高我社教材的出版质量，更好地为职业教育的发展服务，欢迎您对我社的教材多提宝贵意见和建议。另外，如果您在教学中选用了《电机与变压器（项目式．含习题册）》（朱志良　袁德生　主编）一书，我们将为您免费提供与本书配套的电子课件。

一、基本信息

姓名：_____　性别：_____　职称：_____　职务：_____

学校：_____　系部：_____

地址：_____　邮编：_____

任教课程：_____　电话：_____（O）　手机：_____

电子邮件：_____　qq：_____　msn：_____

二、您对本书的意见及建议

（欢迎您指出本书的疏误之处）

三、您近期的著书计划

请与我们联系：

100037　机械工业出版社·技能教育分社　陈玉芝　收

Tel：010-88379079

Fax：010-68329397

E-mail：cyztian@ gmail. com 或 cyztian@ 126. com